항공서비스시리즈 ❹

항공경영의 이해
Airline Management

박혜정 · 김남선

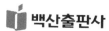 백산출판사

항공서비스시리즈를 출간하며

 글로벌 시대 관광산업의 발전과 더불어 항공서비스 및 객실승무원에 대한 관심이 날로 증가됨에 따라 전문직업인을 양성하는 대학을 비롯하여 교육기관에서 관련 교육이 확대되고 있다.

 저자도 객실승무원을 희망하는 전공학생을 대상으로 강의를 하면서 교과에 따른 교재들을 개발·활용해 왔으며, 이제 그 교재들을 학습의 흐름에 따라 직업이해, 직업기초, 직업실무, 면접 준비 등의 네 분야로 구분·정리하여 항공서비스시리즈로 출간하게 되었다.

직업이해	1	멋진 커리어우먼 스튜어디스	직업에 대한 이해
직업기초	2	고객서비스 입문	서비스에 대한 이론지식 및 서비스맨의 기본자질 습득
	3	서비스맨의 이미지메이킹	서비스맨의 이미지메이킹 훈련
직업실무	4	항공경영의 이해	항공운송업무 전반에 관한 실무지식
	5	항공객실업무	항공객실서비스 실무지식
	6	항공기내식음료서비스	서양식음료 및 항공기내식음료 실무지식
	7	비행안전실무	비행안전업무 실무지식
	8	기내방송 1 · 2 · 3	기내방송 훈련
면접 준비	9	멋진 커리어우먼 스튜어디스 면접	승무원 면접 준비를 위한 자가학습 훈련
	10	English Interview for Stewardesses	승무원 면접 준비를 위한 영어인터뷰 훈련

모쪼록 객실승무원을 희망하는 지원자 및 전공학생들에게 본 시리즈 도서들이 단계적으로 직업을 이해하고 취업을 준비하는 데 올바른 길잡이가 되기를 바란다. 또한 이론 및 실무지식의 습득을 통해 향후 산업체에서의 현장적응력을 높이는 데도 도움이 되기를 바란다.

아울러 항공운송산업의 환경은 지속적으로 변화·발전할 것이므로, 향후 현장에서 변화하는 내용들은 즉시 개정·보완해 나갈 것을 약속드리는 바이다.

본 항공서비스시리즈 출간에 의의를 두고, 흔쾌히 맡아주신 백산출판사 진욱상 사장님과 편집부 여러분께 깊은 감사의 말씀을 전한다.

저자 씀

PREFACE

글로벌 시대에 항공운송산업은 급속하게 발전하고 있으며, 관련 직종에 대한 선호도 또한 높아지고 있다. 항공운송업은 예약, 발권, 운송, 객실, 운항, 정비 등 광범위한 지식과 기술의 집합체로 이루어지는 산업인 만큼 항공서비스업종 종사자는 이 중 어느 한 가지 업무를 수행한다고 해도 특정영역에만 국한되지 않는 전반적인 기초실무지식을 습득해야 한다고 본다.

본서는 항공경영의 실무적 차원에서 항공운송산업의 이해를 비롯하여 항공기가 공항에서 출발·도착하기까지 일련의 항공운송서비스 과정을 업무흐름을 중심으로 다루었다. 즉 항공사의 업무담당자와 항공여행자의 입장에서 항공여행의 흐름에 따라 운송서비스의 구성체계와 실무지식을 전반적으로 이해할 수 있도록 내용을 구성하였다.

본서는 기본적으로 항공사 근무를 희망하는 전문대학 항공관련 전공학생들을 위한 교과교재로 제작되었으나, 그 외 항공서비스업에 종사하려는 분, 항공운송업과 관련 있는 분야에서 일하고자 하는 분에게도 실질적인 도움이 되리라 생각한다. 또한 본서를 기초로 하여 각 업무영역별로 세부 전문교재를 통해 업무별 심화학습을 할 수 있으리라 기대한다.

모쪼록 항공실무지식을 습득하고 산업체에서의 현장적응력을 높이는 데 도움이 되기를 바란다.

아울러 항공운송산업의 환경은 지속적으로 발전·변화할 것이므로, 향후 현장에서 변화하는 내용들은 즉시 개정·보완해 나갈 것을 약속드리는 바이다.

끝으로, 이 책이 출간되기까지 내용 감수 등 여러모로 많은 도움을 주신 분들께 지면을 통해 감사의 말씀을 드린다.

저자 일동

CONTENTS

CONTENTS

1

항공운송업의 이해

항공운송업의 이해

01

제1절 항공운송업의 발달

현행 「항공법」은 제2조제31호에서 "항공운송사업이란 타인의 수요에 맞추어 항공기를 사용하여 유상(有償)으로 여객이나 화물을 운송하는 사업을 말한다"고 규정하고 있다. 즉 항공운송사업이란 항공기를 이용한 수송서비스를 주된 상품으로 하여 소비자에게 판매함으로써 수익을 얻는 사업이라고 할 수 있다.

오늘날 항공교통은 기술혁신으로 인해 항공기 자체의 안전성은 물론 운항, 정비, 기술 등 모든 분야에서 괄목할 만한 발전을 이룩하여 여타 교통수단에 비해 가장 안전하고 신뢰할 수 있는 운송수단으로써 현대 교통의 중추적인 기능을 수행하고 있다. 또한 시간이 주관심 요소인 상용 여행자에게 주요한 교통형태로 등장하게 되었고, 최근 국제항공의 획기적인 발전에 따라 세계 관광객의 항공이용률이 점차 증대되고 있다. 항공교통은 제1차 세계대전을 통해 군용항공기가 민간항공기로 바뀌게 되면서 본격적인 대중교통기관으로 자리 잡게 되었다.

제2차 세계대전 이후 항공기의 대형화, 고속화에 의하여 종전에 기차, 선박을 이용하던 대중 운송수단이 많은 부분 항공기로 대체됨으로써 항공시장의 비약적 성장을 가져오게 되었다. 특히 80년대 이후 고도 경제성장을 기반으로 한 인적·물적인 항공수요의 급격한 팽창과 최첨단의 기술력을 바탕으로 한 초대형 항공기의 등장으로 항공운송산업은 최전성기를 맞고 있다.

1. 항공운송업 발달의 배경요인

항공운송은 후발 교통기관임에도 불구하고 높은 수송력, 교통기술의 진보 등으로 기존 교통기관의 근대화를 촉진하는 선구자적인 역할을 수행하고 있다.

1) 산업구조의 변화

항공운송은 인간과 재화의 공간적 이동으로 인하여 부가가치 창출을 하게 되므로 산업의 입지 선택을 보다 자유롭게 하여 미개발 지역의 자원이용을 가능하게 하고 생산수단(토지, 노동, 자본)의 이용을 보다 합리화시킴으로써 산업의 생산력과 경영능률의 향상에 기여하고 있다. 즉 대량수송, 원거리 수송으로 지역적·국제적 시장의 확대와 유통과정의 합리화에 영향을 주게 됨에 따라 항공수송이 더욱 발전하게 된다.

2) 교통수단으로서의 요구

전 세계가 일일 생활권 화됨에 따라 시간절약, 편리함, 안락함과 경제적 이익을 동시에 제공함으로써 항공운송 초기단계의 특정 계층 이용에서 벗어나 타 교통수단과 마찬가지로 일반대중이 이용하는 교통수단으로써 자리 잡게 되었다.

3) 국제사회의 변화

국제항공은 흔히 국력의 상징이며 일국의 정치적·경제적·기술적 수준을 나타내는 하나의 지표로 평가되고 있다. 이에 따라 자국 항공사를 보유하는 것과 UN에 가입하는 것이 국가의 면모를 갖추는 것이라고 여겨졌으며, 또한 국가방위 도구의 역할로서 자국민 간 항공의 육성은 숙련된 조종사나 정비사 등 기술인력의 양성을 촉진시킴으로써 유사시에 대비한 공군의 예비능력을 증대시키는 결과를 가져오게 되었다.

2. 항공운송업의 특성

1) 서비스산업

항공운송업은 가시적인 상품을 고객에게 제공하는 것이 아니라 상품구성이 Hard Ware(항공기와 노선망), Soft Ware(정보 서비스), Human Ware(인적 서비스)로 구성되어 예약과 발권의 기능을 통해 생산과 판매가 동시에 일어나는 저장이 불가능한 무형의 서비스 상품이다. 또한, 항공산업의 상품은 항공기의 출발과 동시에 판매되지 못한 경우 저장할 수 없고 재고발생이 없는 소멸성을 띤다.

2) 공익성

국가의 중심적인 기간산업으로서 항공기의 운항을 통한 승객 및 화물의 수송은 개별기업의 이윤추구보다 국민경제에 미치는 영향이 지대하며 경제발전과 사회문화교류의 촉매작용을 하는 사업으로 공익성이 강하다.

3) 경제성

운임의 절대 액수로 볼 때 항공운임은 타 교통수단의 운임보다 높은 실정이다. 그러나 시간절약이 갖는 효율성을 고려한다면 항공운임의 경제성은 매우 높다고 볼 수 있으며, 항공운임은 실질적으로 점진적으로 하락하여 왔고, 저비용 항공사의 등장으로 항공운임의 경제성은 더욱 부각되고 있다. 근래에는 화물운임의 저하, 화물전용기의 운항, 컨테이너의 보급 등으로 항공화물도 증가하는 추세이다.

4) 공공성

다수의 대중에 대한 교통수단, 수송수단의 공공 교통업으로서 공공성에 입각한 정부의 규제와 보호로 육성된다. 즉 항공운송사업은 거액의 설비투자(항공기 시설장비 등)가 요구되는 장치사업으로서 항로, 공항시설, 노선권이 전제되는 정부 규제적인 사업이며, 국력의 상징 및 대외정책 수단으로서 국익과 밀접한 관계를 갖고 있다. 또한 정치적·경제적 사회환경의 영향에 민감하다.

5) 국제성

인적·물적 자원을 상대국가로 수송함으로써 발생되는 다방면의 경제적·문화적·국제적인 교류는 한 국가의 발전에 중요한 영향을 끼치고 국가의 이미지 제고에도 기여한다. 내·외국인 모두 고객의 대상이 된다는 점에서 국제성을 띠는 항공산업 상품의 품질 및 가격은 국제적으로 결정되며 항공사가 국제항공시장에 참여할 수 있느냐의 여부는 각 국가 간의 항공협정에 의해 결정된다. 즉 항공사가 타국의 어느 지점에 노선을 개설하고자 하는 경우 먼저 정부 간의 항공협정이 맺어져야 하고 협정에서 지정된 항공사만이 지정된 노선에서 운항할 수 있게 되는데, 사실상 취항도시의 수, 운항횟수, 총공급 좌석 등에서 제약을 받게 된다. 즉 양국의 사정을 반영하는 양국 간의 항공협정에 의해 목적지 및 수송력이 제한을 받게 된다. 그러므로 National Flag Carrier로서의 역할과 의무를 지니게 된다.

6) 점의 교통수단

육상교통이 도로나 철로를 필요로 한다는 점에서 선(線)의 교통수단이라고 한다면, 항공은 출발지와 목적지 양쪽에 공항만 건설되면 노선을 쉽게 개설할 수 있다는 점에서 점(點)의 교통수단이다.

7) 시장성 수요의 특성

항공여행은 그 자체가 목적이 아니라 업무 출장, 여름 휴가 또는 스포츠 경기 관전 목적의 주말여행 등 다양한 상품 또는 서비스의 일부분이라는 점에서 다른 활동의 수요에 종속되는 파생적인 수요라는 특성이 있다. 따라서 항공운송사업은 계절성이 강하며 경기에 민감한 특성을 지닌다.

8) 첨단기술과 자본집약적 고도 성장산업

항공산업은 기술변화의 영향을 가장 먼저 받는 산업이다. 항공기는 고가의 첨단산업 제품으로 첨단기술의 파급효과가 크며 구입과 유지에 있어 거액의 투자와 숙련된 인력이 요구되는 고도성장산업이다.

1. 형태에 따른 구분

1) 정기 항공운송업

정기 항공운송업은 정해진 노선을 따라 한 지점과 다른 지점 사이에 노선을 정하고 정기적으로 항공기를 운항하는 것으로 항공운송사업이라 일컫는다. 이는 일정 시간표에 따라 정시 운항하는 항공기를 대상으로 하는 운송사업으로 운항의 정기성, 대중에 대한 공개성이 특징이다. 또한 공공성이 중요시되므로 운송조건을 미리 공시하여 운항하여야 하며, 임의적으로 운항의 중지 및 휴항이 불가능하다.

2) 부정기 항공운송업

정기적이 아닌 필요에 따라 운항하는 항공기를 대상으로 하는 운송사업을 말한다. 이는 특정지점 간을 비정기적이나 수시로 운항하는 경우와 계절적 수요 또는 특수에 따라 특정구간을 전세기 형태로 운항하는 경우가 있다. 즉 전자의 경우 정기편이 개설된 On-Line만 운항하며 정기편 공급증대 필요시 운항 지원하는 형태로서 운영절차(예약, 발권, 운송)는 정기편과 동일한 임시편(Extra)으로 운임을 공시한 후 여객이 일정수에 이르면 운항되며, 후자는 수요자의 요구에 응해 지정된 구간에 항공기의 전부를 임차하여 운항하는 전세편(Charter)을 말한다.

정기 전세편(Public Charter)은 정기편 개설 이전 단계로 일정기간 동안 일반 승객을 대상으로 운항하는 전세편 형태이다. 이는 공익성이 약하며 대체로 값이 저렴하다.

이러한 부정기 사업은 유휴 항공기 이용에 따른 가동률을 높이고 항공사의 수입을 증대시키며 정기편 노선개설을 위한 사전 시장기반 구축 및 신시장 개척의 효과도 있다. 또한 초과 수요를 흡수하거나 미취항 노선을 보강하는 등 정기편을 보완하는 효과도 크다.

2. 객체에 따른 구분

　항공회사는 항공운송이라는 상품을 판매한 수입을 통하여 기업을 경영하게 된다. 즉 항공업은 일정한 공간(좌석)의 고정적 상품을 제공하여 목적지에 사람이나 화물 등 객체를 운송하는 것이 목적이다. 그러나 이 자체만으로는 상품으로 불완전하며 공간(좌석)에 유동적 상품인 인적 서비스가 결합되어야 상품이 완성된다. 고정적 상품으로서의 공간(좌석 및 화물실)은 주로 항공기의 종류, 좌석 그 자체의 고유성, 화물실의 규모, 항공기의 유지 관리 등에 의해 좌우된다. 따라서 어떠한 항공기와 운항 스케줄을 채택하느냐가 중요하다.

　즉 항공사업은 승객에게는 안전하게 운항하는 항공기의 좌석과 신속한 화물운송을 제공하고 여기에 인간의 노동력에 의하여 구체화된 서비스를 제공함으로써 비로소 상품가치를 갖게 된다. 따라서 항공회사의 상품은 공간(좌석)과 인적 서비스의 결합물이라 할 수 있으며 항공회사의 상품은 고정적 상품과 유동적 상품의 이면성을 갖고 있다.

1) 여객운송서비스

　운송대상이 여객인 승객을 대상으로 하는 운송사업을 말한다.

　유동적 상품으로서의 서비스는 출발지에서부터 목적지까지의 운송에 관련되는 일체의 서비스를 포함하게 되는데, 여객의 경우 좌석의 예약, 항공권의 발권, 시내 공항 간의 지상운송, 공항에서의 탑승수속, 항공기내 서비스, 목적지 도착 후의 수화물 처리 등 기타 서비스의 일체를 말한다.

2) 화물운송서비스

　운송대상이 화물로서 출발지에서 목적지까지의 항공운송과 이에 수반되는 화물의 통관, 보관서비스 등을 포함한다.

3. 지역에 따른 구분

1) 국내 운송사업

국내지역을 대상으로 하는 항공운송사업을 말하며 일반적으로 자국의 「항공법」에 의해 규제 또는 통제를 받는다.

2) 국제 운송사업

각 국가 간을 대상으로 하는 항공관련 운송사업으로서 항공운송권한의 상호교환을 전제로 하는 각국 정부 간 항공협정의 영향을 받는다.

그 외, 국내·국제 운송사업 외의 항공운송사업인 소형항공 운송사업, 항공기를 사용하여 여객과 화물의 운송 외의 업무를 행하는 항공기사용사업, 비사업용 등이 있다.

항공산업은 미래산업으로서 한 국가와 전 세계 산업발전의 미래를 예측하게 해주는 도구로서의 역할을 하고 있으며, 세계적인 항공망 확충은 이 지구를 하나의 공동체로 만드는 역할을 해왔다. 그로 말미암아 세계화(Globalization)를 이루고, 또한 세계경제의 발전에 커다란 주력산업으로 자리하고 있다.

1. 항공사 간 초대형 얼라이언스(Alliance) 형성

현대의 항공운송산업은 국영 항공기업의 민영화, 항공규제 완화(항공자유화), 시스템의 거대화(항공운송, 예약시스템의 대형화)로 국제항공의 세계화, 다국적 기업화로 가는 경향이며 이를 기반으로 현재의 다국적 초대형 항공사가 출현하기에 이르렀다.

최근 항공사들이 보이는 가장 큰 변화는 자사의 시장 확대 및 대고객 서비스 향상을 위하여 대형 항공사들이 제휴를 통해 몇 개의 초대형 그룹을 형성하고 있는 점이다. 이에 따라 1990년대 들어 국가 간의 상호협력, 항공사의 인수 및 합병 등을 통한 초대형 항공사의 출현과 주요 항공사 간의 전략적 제휴로 항공제휴 그룹(얼라이언스)이 형성되어 급격히 활기를 띠고 있다.

항공사 얼라이언스(Alliance)는 세계적인 규제완화와 자유화 동향, 항공사 간의 M&A 추세에 따라 범세계적인 네트워크를 구축하고자 하는 항공사들 간의 업무제휴 연합을 의미한다.

이는 국가별로 취항할 노선권이 제한되어 있어 이미 취항 중인 항공사들과의 제휴를 통해 영업범위를 확대하는 방식이다. 즉 다른 항공사의 좌석 일부를 배정받아 판매하거나, 양 항공사가 좌석을 공동 판매한 후 수익을 나누는 방식이 있다.

그 협력 분야는 항공 편 공동 스케줄, 상용고객 우대제, 객실승무원 교환, 원자재 공동구매, 사무실, 라운지, 터미널 공동이용 등 단순한 항공사 간 협력체제를 뛰어넘어, 광고 및 선전, 공동투자, 공동 마케팅 등을 통해 그 종류와 규모가 다양화되고 항공사들이 마치 하나의 연합체로 영업활동을 하는 것이다.

항공 얼라이언스(Alliance)의 제휴형태별 분류로는 노선별 Code Sharing을 운영하는 특정노선의 제휴, 영업제휴, 항공그룹을 형성하여 범세계적 노선망 구축을 위한 전략적 협력의 제휴 등이 있다. 항공업계에서는 이 같은 전략적 제휴를 통해 글로벌 얼라이언스에 능동적이고 주도적으로 참여하는 항공사만이 살아남을 수 있을 것으로 보고 있다.

세계 항공업계가 글로벌 얼라이언스로 재편되면 승객들은 항공사의 공동스케줄로 좌석예약 공유를 통해 원하는 시간대를 골라 항공 편 선택의 폭이 넓어지게 된다. 항공사 간 연결편 스케줄 조정으로 목적지까지 보다 편리하게 항공 편을 이용할 수 있고 항공요금도 낮아지게 된다. 또한 마일리지를 공동 누적할 수 있는 고객 우대 서비스와 다양한 혜택을 누리고 제휴 항공사들의 라운지도 자유롭게 이용할 수 있게 된다. 제휴 항공사를 이용하면 한 번만 수속(Check-in)하면 되기 때문에 연결편을 탈 때의 불편도 덜 수 있다.

○ 항공사 제휴그룹 현황

제휴그룹		Star Alliance	Sky Team	One World
설립일자		1997년 5월	2000년 6월	1998년 9월
참여사	아시아	싱가포르항공(싱가포르) 아시아나항공(한국) ANA(일본) 타이항공(태국) 중국국제항공(중국) 에바항공(중국) 심천항공(중국) 에어인디아(인도)	대한항공(한국) 중국동방항공(중국) 중국남방항공(중국) 샤먼항공(중국) 중화항공(대만) 베트남항공(베트남) 가루다항공(인도네시아)	일본항공(일본) 캐세이패시픽(홍콩) 스리랑카항공(스리랑카) 말레이시아항공(말레이시아)
	유럽	루프트한자(독일) 스칸디나비아항공(스웨덴/ 노르웨이/덴마크 합작) 오스트리아항공(오스트리아) TAP항공(포르투갈) LOT폴란드항공(폴란드) 터키항공(터키) 스위스국제항공(스위스) 브뤼셀항공(벨기에) 에게항공(그리스) 크로아티아항공(크로아티아) 아드리아항공(슬로베니아)	에어프랑스(프랑스) 체코항공(체코) KLM항공(네덜란드) 아에로플로트(러시아) 에어유로파(스페인) 알리탈리아(이탈리아) TAROM항공(루마니아)	브리티시항공(영국) 이베리아항공(스페인) 핀에어(핀란드) 에어베를린(독일) S7항공(러시아)
	중동		사우디항공(사우디아라비아) 중동항공MEA(레바논)	로얄요르단항공(요르단) 카타르항공(카타르)
	북미	유나이티드항공(미국) 에어캐나다(캐나다)	델타항공(미국)	아메리칸항공(미국) 멕시카나항공(멕시코)
	남미	아비앙카항공(콜롬비아) COPA항공(파나마)	아에로멕시코(멕시코) 아르헨티나항공(아르헨티나)	LAN항공(칠레)
	대양주	에어뉴질랜드(뉴질랜드)		콴타스항공(호주)
	아프리카	남아프리카항공(남아프리카) 이집트항공(이집트) 에티오피아항공(에티오피아)	케냐항공(케냐)	

1997년 5월 '스타 얼라이언스(Star Alliance)'가 출범한 이후 세계 항공사들은 합종 연횡을 계속하여 현재 크게 3개의 얼라이언스로 좁혀진 상태이다. 스타 얼라이언스 에 이어 1998년에는 아메리칸항공과 캐세이패시픽, 콴타스항공 등을 주축으로 하는

'원월드(One World)'가 탄생했다. KLM, 노스웨스트항공도 '윙스(Wings)'라는 별도의 동맹관계를 형성했으나 2004년 9월 공식적으로 해체를 선언했다. 2000년에는 대한항공과 에어프랑스, 델타항공이 주축이 되어 스카이팀(Sky Team)을 창설하여, 현재 세계 항공업계에는 스타 얼라이언스(Star Alliance), 원월드(One World), 스카이팀(Sky Team) 등 3개의 대형 글로벌 얼라이언스가 경쟁하고 있다.

> **항공사 공동운항(Code Sharing)**
>
> 상무협정의 대표적인 한 형태로서 특정 노선에 실제로 운항하는 상대방 항공사의 좌석을 일부분 임대하여 판매하되, 임대석에 대해서는 마치 자사의 운항 편처럼 자사 코드 및 비행 편 수를 사용하는 것을 말한다. 실제로 항공기를 운항하는 항공사를 '운항사'라 하고 항공기를 직접 운항하지 않으면서 운항사로부터 일정 좌석을 임대하여 판매하는 항공사를 '판매사'라고 한다.
> 항공사 공동운항은 실제 자사 운항 편 외에 제휴항공사의 운항 편도 같은 조건으로 자사의 고객들에게 제공함으로써, 취항편수를 늘리는 효과가 있고 항공사는 단독 운항 시 탑승률 저하에 따른 영업손실의 부담을 줄일 수 있다.
> 공동운항은 남는 좌석이 없거나 승객이 요구하는 노선을 운항하지 않을 경우 다른 항공사의 남는 좌석을 연결해 주는 기존의 Endorsement 방식보다 진전된 항공사 간 협업방식이다.

2. 인터넷을 통한 글로벌 영업환경 구축

세계의 항공사들은 전략적 제휴 외에도 판매망 확충을 위하여 인터넷을 이용한 사이버 공간에서의 고객선점을 위하여 노력하고 있다. 즉 인터넷 사이트를 통해 기존의 자사 고객들에게 여러 측면에서의 편의성 도모를 위하여 다양한 서비스를 제공하고 있다.

예를 들면 전자발권, 사이버 예약과 대금결제, 24시간 항공권의 온라인 구매, 택배 서비스 제공, 공항에서의 원스톱 체크인, 고객차별화를 위한 온라인 맞춤 서비스 제공, 인터넷을 통한 화물예약 등 다양한 분야로 다각화하여 전자상거래 업체로서의 브랜드 가치를 더욱 확대해 가는 인터넷 시대를 준비하고 있으며 향후 항공운송산업에 있어 큰 역할을 하리라 기대된다.

3. 저운임 운송시장과 저비용 항공사의 등장

항공전문가들은 21세기 항공업계에 가장 큰 변화를 불러오는 요인의 하나로 저비용 항공사(Low Cost Carrier)의 등장을 꼽는다. 이미 지역별로 자리를 잡아가는 저비용 항공사들이 수많은 새로운 항공수요를 창출하고 있으며, 이는 기존의 항공산업뿐만 아니라 여행산업 전반에 크나큰 영향을 미치고 있다.

저비용 항공사들은 기내서비스 등 부대 서비스가 없다는 점에서 '노 프릴스(No Frills) 항공', 요금이 낮다는 점에서 '저가(Low Fare) 항공', 운영비용을 낮췄다는 점에서는 '저비용(Low Cost) 항공' 등으로 부르며, 운영비용 절감을 통해 저렴한 요금이 제공되는 만큼 '저비용 항공'이라는 용어가 많이 사용된다. 세계 항공업계가 '저비용'을 무기로 가격경쟁을 시작한 것은 오래되었으며, 누가 어떻게, 어떤 방식으로 요금을 낮추느냐에 따라 세계 주요 항공사들의 생사가 걸려 있다고 할 수 있다.

저비용 항공사의 역사는 1970년대 말까지 거슬러 올라간다. 90년대 초까지만 해도 이들이 여행산업의 '주류'로 등장할 것으로 예측한 이들은 많지 않았다. 그러나 경기침체가 확산되던 과정에서 터진 2001년 9월의 테러가 이들을 마침내 '주류'로 바꿔놓았다. 사회불안, 고용불안정 상황에서 저비용 항공사들은 소비자들의 '민심'을 얻었고 항공료는 기차값이나 뱃삯과 경쟁을 할 수 있게 되었다.

2002년 12월 세계 2위 항공사인 유나이티드가 파산보호신청을 내놓았다는 사실은 세계 항공업계에 충격적인 사건이었으며 항공업계의 어려움을 방증하는 단적인 사례다. 경기침체와 2001년의 테러 여파에 따른 항공여객 감소가 문제였다고는 하지만 유나이티드는 이미 수년 전부터 경영에 어려움이 컸다. 사우스웨스트, 제트블루 등 소규모 항공사들이 자유로운 노선활용과 기내식 축소 등을 통해 가격을 낮추는 전략으로 메이저 항공사들의 점유율을 상당 부분 잠식했기 때문이다. 당시 전문가들은 장기적으로는 유나이티드뿐 아니라 아메리칸이나 델타 등 대도시를 오가는 대형 항공사들 역시 같은 길을 갈지도 모른다고 지적했다. 일반 고객들은 기내식이나 고급 서비스보다는 당장 '주머니돈'을 먼저 생각하는 경향이 강해 '서비스'를 내걸고 있는 항공사들이 적응하기 쉽지 않다는 것이다.

소비자들의 인식도 많이 바뀌어 2시간도 걸리지 않는 런던-파리 구간을 운만 좋으면 몇 유로에 갈 수 있는데 군이 몇 백 유로를 내고 갈 필요가 없다는 생각이다. 도착 후 곧바로 비즈니스 미팅에 들어가야 하는 출장여행이 아니라면 요금이 대형 항공사 정가의 4분의 1 또는 3분의 1 정도에 불과한 저비용 항공사가 선호되는 것은 당연한 일일 것이다.

저비용 항공사들의 가격인하 전략은 직원을 최소화시켜 인건비를 절감하는 전략이 기본이다. 소박한 객실인테리어에 기내식도 없다. 심지어 지정좌석이나 종이티켓까지 없애고 별 서비스 없이 단지 '수송'이라는 항공기의 가장 기본적인 업무에 충실할 뿐이다. 이 같은 저비용 항공사들은 미국과 유럽뿐 아니라 아시아에서도 빠르게 늘고 있다.

국내 항공업계에서도 제주항공, 진에어, 에어부산, 이스타항공, 티웨이항공, 에어서울 등 저비용 항공사들이 국내선과 국제선을 운항하고 있으며, 에어프레미아, 플라이강원, 에어로케이 등 신생 저비용 항공사의 출범이 예정되어 있다. 서울/제주 구간을 중심으로 국내선에서는 이미 저비용 항공사의 공급점유율이 50%를 넘어섰으며, 중국, 일본, 동남아의 단거리 노선을 위주로 국제선도 빠른 성장세를 보이고 있다. 에어아시아 등 국내에 취항하고 있는 외국 저비용 항공사들과의 가격경쟁도 치열한 상황이다.

대표적 저비용 항공사

- 한국 : 제주항공, 진에어, 에어부산, 이스타항공, 티웨이항공, 에어서울
- 미국 : SOUTHWEST AIRLINES, JET BLUE, VIRGIN AMERICA
- 유럽 : RYANAIR, EASY JET, VUELING
- 아시아 : AIR ASIA, JET STAR, NOK AIR

● U-Fly Alliance

최초의 LCC 항공동맹체 얼라이언스로서 홍콩과 중국에 거점을 두고 있는 홍콩익스프레스, 럭키
에어, 우루무치에어, 웨스트에어 등 저비용항공사로 이루어진 연합체이다. 이스타항공이 최초의
해외 항공사이자 대한민국 항공사로 2016년에 가입하였다.

● Value Alliance

2016년에 설립된 세계 두 번째 LCC의 항공 동맹이자 세계 여섯 번째 민간 항공 동맹으로서,
LCC 항공동맹 중에서는 가장 규모가 크다.

제주항공을 비롯해 아시아 · 태평양 지역에 있는 세부퍼시픽, 녹에어, 녹스쿠트 항공, 스쿠트 항공
등 저비용항공사가 참여해 결성하였다.

2

항공기와 운항개요

항공기와 운항개요

02

제1절 항공기의 정의

항공기에 관한 정의는 여러 가지가 있으나 그중 가장 일반적인 항공기에 관한 정의는 다음과 같다.

현행 「항공법」 제2조제1호에서는 "항공기라 함은 비행기, 비행선, 활공기(滑空機), 회전익(回轉翼) 항공기, 그 밖에 대통령령으로 정하는 것으로서 항공에 사용할 수 있는 기기(機器)"라고 정의하고 있다. 그리고 국제민간항공기구(ICAO)에 의하면 "항공기란 공기의 작용에 의하여 대기 중에 떠 있을 수 있는 모든 기구"라고 정의하고 있다.

1. 항공기의 태동기

  항공기는 다음과 같이 오랜 역사를 거슬러 올라가 획기적인 발명을 통한 태동기를 거치며 발전해 왔다.

  1485년, 이탈리아의 레오나르도 다빈치(Leonardo da Vinci)에 의해 날개 달린 최초의 비행기계라 할 수 있는 비행장치가 고안되어 인력에 의한 날개치기식 비행기가 설계되었다.

  1783년, 프랑스의 몽골피에(Montgolfier) 형제에 의해 기구 안의 공기를 불로 데워 하늘을 나는 열기구가 개발되어 파리상공을 약 25분간 비행하게 되었다.

1900년, 독일의 F. 체펠린(Zeppelin)에 의해 넓은 공간과 실용성능을 갖추게 된 비행선이 개발·제작되었다.

1903년, 미국의 라이트 형제(Orville and Wilbur Wright)는 인력에 의한 비상의 한계를 느끼고 가솔린 엔진을 비행의 동력원으로 사용하여 복엽 글라이더에 가솔린 엔진을 장착, 비행에 성공함으로써 세계 최초의 동력비행기를 제작하였다. 이로써 본격적인 인간의 항공역사가 시작되었다고 할 수 있다.

1909년, 프랑스의 L. 블레리오(Louis Bleriot)에 의해 근대 항공기의 원형이라 할 수 있는 단엽식 비행기 개발로 영·불해협 횡단이 이루어졌다.

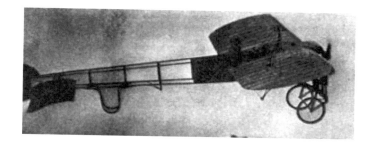

1915년, 독일의 융커스(Junkers)가 세계 최초의 전금속제 비행기 융커스 J1의 첫
비행을 실현하였다. 그리고 제1차 세계대전으로 인해 항공기가 군용물자의 수송에
중요한 역할을 담당함으로써 항공기의 눈부신 발전의 토대를 구축하기에 이른다.

2. 항공기의 실용화시대 개막

1933년, 미국에서 전금속제 비행기의 근
대적 쌍발 프로펠러 여객기인 보잉247, 더
글라스 DC-1의 첫 비행으로 미국의 근대
적 민간 여객 항공기가 출현(B-247, DC-2,
DC-3)하여 항공기의 순항속도, 수송능력,
항공계기 등 여러 방면에서 획기적인 발전을 이루는 계기가 되었다.

DC-3

3. 제트기의 등장과 항공수송의 육성기

1940년대는 제2차 세계대전으로 인해
항공기술의 개발로 최초의 제트 엔진이 개
발되어 1949년 세계 최초의 실용제트 엔진
여객기 코멧(Comet)이 등장하였으며 장거
리 비행 및 기체 대형화가 실현되었다.

코멧(Comet)

1950년대는 기술혁신을 통한 대량 수송체제에 돌입하여 경제성의 개념이 도입
되게 되었다.

1954년, 세계 최초의 수직 이착륙(VTOL)기가 수직 이착륙에 성공하였다.

1955년, 네덜란드에서 DC-3과의 대체를 겨냥한 터보프롭여객기 F-27의 첫 비
행이 이루어졌다.

1958년, 팬암(PANAM)의 보잉707이 New York-Paris 비행으로 민간항공의 제트

시대가 개막되게 되었고, 오늘날 항공수송의 기초가 되었다.

보잉707

1963년, 제트여객기의 대표인 3발 여객기 보잉727의 첫 비행이 이루어졌다.

1969년, 미국에서는 항공기의 대량수송 시대를 열게 한 초대형 제트여객기 보잉 747(Boeing)의 첫 비행이 있었다. 같은 해 초음속여객기 콩코드(Concorde)1)가 영국-프랑스의 합작으로 개발되어 첫 비행을 하게 되었다.

보잉747 점보 제트기

이후 오일 쇼크를 겪고 난 후에는 연료절감형, 저소음형 항공기의 개발이 요구되어 보잉사의 B767과 테크노 점보 B747-400, 에어버스사(Air Bus)의 A320 등 제4세대 제트기가 개발되었다.

1970년, 맥도널 더글라스 DC-10의 첫 비행이 있었다.

1972년, 서유럽(프랑스, 서독) 공동개발 여객기 에어버스 A300의 첫 비행이 있었다.

4. 항공수송의 성숙기

1980년대 항공여행의 대중화, 대량 고속운송체제의 확립으로 경제성과 효율성을 추구하는 형태의 신종 항공기 개발이 지속적으로 추진되었다.

1982년, 보잉757, 에어버스310의 첫 비행이 있었다.

1986년, 네덜란드 F100 쌍발 제트여객기의 첫 비행이 있었다.

1990년, 맥도널 더글라스 MD11의 취항이 개시되었다.

---

1) 2003년 11월 영국 '브리티시항공' 소속 초음속 콩코드 여객기가 전시장으로 마지막 퇴역비행을 하였다.

1991년, 에어버스340의 첫 비행이 있었다.

1995년, 보잉777 여객기가 개발되었다.

5. 항공기의 초대형화와 첨단화

근래에 와서 항공기의 초대형화, 초고속화에 의한 개발비 증대로 막대한 자본과 기술력이 필요하게 됨에 따라 항공기 제작사들의 통폐합 및 최첨단 항공기의 공동개발 등 국제협력과 국제 공동개발 생산이 더욱 확대되고 있다.

EU(유럽연합)의 에어버스는 초대형 항공기 A380을 개발하여 2007년부터 싱가포르항공, 에미레이트항공, 루프트한자, 에어프랑스, 대한항공 등 주요 항공사들이 세계 대도시 간을 운항하고 있다.

A380은 500명 이상 탑승할 수 있는 대형 항공기이나 최첨단 신소재의 사용으로 항공기 무게를 줄여 연료효율을 20% 이상 높이고 항공기 소음도 50% 이상 감소시켰다.

에어버스의 경쟁사인 미국의 보잉사도 '꿈의 여객기'로 불리는 B787을 개발하여, 일본의 ANA항공을 시작으로 많은 항공사들이 도입하고 있다. B787 또한 최첨단 소재를 사용하여 연료효율을 높이고 소음을 감소시킨 친환경 항공기이다.

○ A380과 B787의 기종 비교

	에어버스 A380	보잉787
길이	72.8m	56.5m
폭	79.8m	60m
최대 좌석 수	555개	250개
최대 항공거리	1만 4,720km	1만 5,640km
도입	2007년	2011년
명목상 가격	3억 8,000만 달러	2억 달러

1. 항공기의 분류

1) 비행원리에 의한 분류

■ 경항공기

공기보다 가벼운 항공기를 말한다.

- 기구(Balloon) : 동력장치가 없는 항공기
- 비행선(Airship) : 동력장치가 있는 항공기

> 📖 　공기보다 가벼운 항공기라는 것은 공기보다 비중이 가벼운 기체(수소가스, 헬륨가스, 열공기)를 기밀성(氣密性) 주머니에 넣어 그 주머니가 배제한 부피만큼의 공기와 중량의 차, 즉 정적(靜的) 부력을 이용하여 공중에 뜨는 항공기를 의미한다.

■ 중항공기

중항공기는 공기보다 무거운 항공기로서, 공기에 대해서 상대적인 운동을 하는 날개에서 발생하는 동적(動的)인 부력, 즉 양력(揚力)을 이용하여 비행하는 모든 항공기를 가리킨다.

- 비행기(Airplane) : 동력장치가 있는 항공기
- 활공기(Glider) : 동력장치가 없는 항공기

2) 속도에 의한 분류

■ 아음속여객기(亞音速旅客機 : Subsonic Transport)

비행기 주변의 공기 속도가 음속에 도달하지 않는 속도로 나는 비행기로 마하 0.85 이하의 속력으로 나는 비행기를 말한다.

■ **초음속여객기(超音速旅客機 : Supersonic Transport)**

음속보다 빠른 순항속도로 비행하는 제트 여객기로 마하 1~5로 운항하는 콩코드 (Concorde)기 등이 있다.

3) 이착륙에 의한 분류

■ **STOL기(Short Take-off and Landing Plane)**

단거리 이착륙기 또는 단거리 활주 이착륙기로서 극히 짧은 활주거리로의 이착륙이 가능하며, 이착륙 속도와 순항속도와의 차이가 비교적 큰 비행기를 말한다. 수송용에서는 길이 450~550m의 활주로에서 이착륙이 가능하다.

■ **VTOL기(Vertical Take-off and Landing Plane)**

수직 이착륙기로서 이착륙할 때까지 활주하지 않고 수직으로 상승 및 강하가 가능한 능력을 가진 비행기를 말한다. STOL기와 두 기종을 총칭하여 V/STOL기라고 한다.

■ **CTOL기(Conventional Take-off and Landing Plane)**

보통의 이착륙기로서 STOL 운항을 목적으로 하지 않았기 때문에 특별히 강력한 고양력 장치와 엔진을 장착하지 않고 보통 활주거리에서 이착륙하는 일반 비행기를 VTOL/STOL기와 비교한 이름이다. 지상 활주길이는 항공기의 무게(승객, 화물, 연료량) 및 지상온도, 바람 등에 의해 달라진다.

2. 항공기의 특성

1) 고속성

다른 교통 편과 비교해 볼 때 항공기의 대표적인 특성은 고속성이다.

항공기의 속도는 1950년대 평균 시속 273km였던 것이 1960년대의 제트 시대 초반에는 502km, 1970년대 초 761km를 거쳐 948km(보잉747기)까지 고속화되었다. 단 민간항공기의 속도는 항공기의 최고속도나 순항속도(수평속도)만으로 결정되는 것이 아니라 구간속도(Block Time)에 의해서도 결정된다. 즉 항공기의 속도는 수송기가 움직이기 시작하여 목적지의 비행장에 도착한 후 완전히 정지할 때까지를 말하며 구간속도는 출발지에서 목적지까지 비행할 경우 양 지점 간의 거리를 총소요시간으로 나누어 계산하게 된다. 이는 지상유도-엔진점검-이륙-상승-운항-하강-진입-착륙-지상유도의 9단계에 소요되는 총시간을 기준으로 결정된다.

2) 안전성

항공기의 안전도는 운항 시 항공기 및 항공노선의 기술적 원인 또는 기상조건 등 자연적 원인에 의해 크게 좌우되며, 항공사고의 특성상 사고발생 시 대형화되나 여타 교통수단에 비해 통계적으로 사고발생 가능성은 가장 낮다. 현대에 와서 항공기 설계 및 운항기술, 공항시설 등의 발달로 그 안전성이 더욱 향상되고 있다.

3) 정시성

항공기 정시성의 측정지표는 취항률, 정시 출발률이 되는데, 항공기의 정시성은 항공기 정비의 복잡성 및 비용이성, 비행장의 기상상태 및 비행경로상의 풍속 등 기상조건, 공항 이착륙 시의 혼잡에 크게 영향을 받으나 항공기 고유의 특성인 고속성을 이용하여 수송 빈도를 높임으로써 어느 정도 보완이 가능하다.

4) 쾌적성

가시적인 상품을 고객에게 제공하는 것이 아니라 고객이 필요로 하는 인간으로서의 욕망이나 산업의 필요를 충족시키는 서비스를 제공하는 것이 특성이다. 여객의 쾌적한 여행을 위해 기내서비스로 식사, 영화상영 및 음악감상시설 등의 물적 서비스와 객실승무원의 인적 서비스 등이 제공되며, 객실 내 쾌적성을 제고하기 위해 방음장치, 기압 및 온도 조절장치, 진동 및 동요의 최소화장치 등이 설치되어 있다.

3. 항공기의 외부구조

항공기의 구조는 양력을 발생시킬 수 있도록 날개 면적이 넓어야 하며 공기의 저항을 적게 받을 수 있도록 유선형이 되어야 한다.

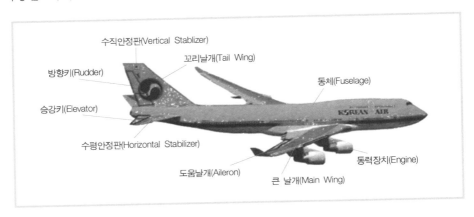

1) 동체(Fuselage)

비행기의 기본 몸체로 조종실과 객실(Cockpit & Cabin), 수하물과 화물이 탑재되는 화물실(Cargo Compartment)로 구성된다.

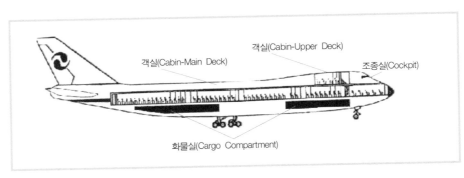

2) 날개(Wing)

■ 주날개(Main Wing)

비행기를 공중에 뜨게 하는 힘(양력)을 발생시켜 비행기를 뜨게 하는 역할을 하며, 여기에 비행방향 전환을 하는 보조익(Aileron)을 통해 경사를 줌으로써 선회하게 된다. 여기에 이착륙 시 양력을 증가시키는 플랩(Flap)이 있다.

- **보조익(Aileron)**
주날개 후부에 장착되어 있으며 기체의 좌우 안정을 유지하는 역할을 한다. 항공기 선회 운동을 순조롭게 하는 장치이다.

- **플랩(Flap)**
주날개 후부에 장착되어 있으며 고양력 장치의 일종으로 이착륙 시 양력을 증가시키기 위한 장치이다.

■ 꼬리날개(Tail Wing)

비행기의 기수 및 방향을 조종하며 수평 및 수직 꼬리날개로 구성되어 있다. 수평 꼬리날개의 승강키(Elevator)는 기수의 상하운동, 수직 꼬리날개의 방향키(Rudder)는 기수의 좌우운동과 선회 초기에 도움날개와 함께 항공기의 비행방향 전환을 용이하게 한다.

- **승강키(Elevator)**
수평안정판의 뒤쪽에 장착되어 있으며 상하로 작동하여 기수를 위, 아래로 향하게 하는 장치이다.

- **방향키(Rudder)**
수직안정판의 뒤쪽에 장착되어 있으며 좌우로 작동하여 기체의 좌우 선회를 돕는 장치로써 배의 방향키와 같은 역할을 한다.

3) 동력장치(Power Unit)

▪ 엔진(Engine)

비행기를 움직이게 하는 힘(추력)을 발생시키는 장치로써 항공기의 이착륙, 상승, 순항 및 기내의 여압, 냉난방을 위한 공기를 제공하는 추력장치이다. 이는 비행기가 양력을 얻도록 추진력을 발생시키며 부가적으로 비행기에서 필요로 하는 전기, 압축공기 등을 제공한다. 또한 비행기의 성능에 따라 엔진의 수가 각각 다르게 장착된다. B-747은 4개, MD11은 3개, A300은 2개의 엔진이 있다.

▪ APU(Auxiliary Power Unit)

비행기의 예비 동력장치로서 지상과 상공에서 모두 작동시킬 수 있으며 주로 비행기의 꼬리날개 안쪽에 장착되어 있다. 지상에서 비행기의 시스템 작동을 위해 필요한 전기동력과 압축공기를 제공해 준다. 즉 항공기의 여압장치 등에 동력을 제공한다.

> 여압장치
> 고공에 올라감에 따라 기압과 기온이 저하되는데, 이로 인한 산소 부족을 방지하기 위해 비행 중 승객에 적합하도록 기내압력이 자동으로 조종된다.

▪ GPU(Ground Power Unit)

항공기의 주엔진과 APU를 사용하지 않을 때 항공기에 필요한 전기동력을 공급하는 지상장비이다.

4) Landing Gear

Landing Gear는 비행기의 이착륙에 필요한 바퀴와 제동장치 그리고 충격흡수장치로 구성된다. 동체와 연결시켜 주는 축으로서 Nose 부분의 Nose Gear와 동체 중앙부분의 Main Gear로 비행기의 이착륙 시 활주와 제동 그리고 충격흡수를 위한 장치이다. B747의 경우 5개(Nose 1개, Main 4개), 바퀴는 18개로 구성되어 있으며, A380의 경우 기수부분에 1개, 동체에 한 쌍, 좌우 날개부분에 각 하나씩 총 다섯

부분에 장착되어 있고, 바퀴는 22개이다.

5) 문(Door)

여객기의 경우 승객의 탑승·하기 시, 출입구 및 비상사태 발생 시에 사용하는
비상탈출구로 기종에 따라 좌우 4~5개씩, Upper Deck이 있는 경우 좌우 2개가
있다. 승객탑승 시는 왼쪽 첫 번째, 두 번째 문을 사용하며, 각 문에는 Escape
Slide가 접혀진 상태로 장착되어 비상시 사용할 수 있도록 되어 있다.

Cargo Compartment는 Forward Compartment, After Compartment, Bulk Door
가 각 1개씩 있다. 화물기의 경우 Door는 화물선적을 위한 것으로서 Main Deck의
Nose Door, Side Door로 구성되어 있으며 Lower Deck은 여객기와 동일하다.

여객기 Door

화물기 Door

6) Logo/Mark

- Logo

동체부분

- Mark

수직 꼬리날개 중앙

■ 항공기 등록번호

항공기 소유자의 신청으로 자국의 항공기 등록 원부에 등록된 기호를 의미하며 항공기는 이 등록기호를 받지 않으면 사용할 수 없다. 받은 등록기호는 국제민간항공기구(ICAO)에서 정해진 로마자 대문자로 표시된 국적기호 뒤에 4 또는 5 글자가 장식체가 아닌 아라비아 숫자의 대문자로 표시된다.

비행기의 경우 보통 주날개면과 꼬리날개면 또는 동체면에 일정한 규격으로 표시하는 동시에 내화성 재료로 만든 식별판에도 압각(押刻)하여 기체 출입구에서 잘 보이는 곳에 붙인다. 수직꼬리날개 하단부, Main Wing 상단부분, Landing Gear 에 표기된다.

예) B747 기종의 HL7458
- HL : IATA기구에서 각 국가별로 부여한 2 Letter Code 로 국적을 인식할 수 있는 무선국 기호이며 대한민국의 국적을 가지고 있는 항공사는 각 보유 항공기에 'HL'의 기호를 표기해야 한다.
- 7 : 제트(터보팬)엔진을 장착한 여객기
- 4 : 엔진 수를 뜻하나 최근에는 각 항공사별로 보유 항공기가 많아 일련번호가 포화상태가 되어 엔진 수와는 다른 숫자를 붙여 표기하기도 한다.
- 58 : 동일한 엔진 수를 가진 기종끼리의 일련번호

■ 항공기의 기종별 제원

B747-400

길이	70.66m
주날개 폭	64.44m
높이	19.41m
최대 운항고도	13,747m
경제 순항속도	916km/hr
최대 항속거리	12,821km
좌석 수	376~384개

B777-200/300

길이	63.73m
주날개 폭	60.93m
높이	18.44m
최대 운항고도	13,137m
경제 순항속도	905km/hr
최대 항속거리	12,538km
좌석 수	240~290개

B767-300

길이	54.94m
주날개 폭	47.57m
높이	18.85m
최대 운항고도	13,137m
경제 운항속도	853km/h
최대 운항거리	6,695/7,538km
좌석 수	250~270개

B737-800/900

길이	33.63m
주날개 폭	28.88m
높이	11.13m
최대 운항고도	11,278m
경제 순항속도	790km/hr
최대 항속거리	5,000km
좌석 수	약 130개

B787-900

길이	62.8m
주날개 폭	60.1m
높이	17.0m
최대 운항고도	13,106m
경제 운항속도	912km/hr
최대 운항거리	11,970km
좌석 수	250석 이상

A380-800	
길이	72.72m
주날개 폭	79.75m
높이	24.09m
최대 운항고도	13,136m
경제 운항속도	912km/hr
최대 운항거리	13,473km
좌석 수	500석 이상

A330-300	
길이	63.69m
주날개 폭	60.30m
높이	16.83m
최대 운항고도	12,527m
경제 순항속도	883km/hr
최대 항속거리	7,524km
좌석 수	296개

A321-100/200	
길이	44.51m
주날개 폭	34.1m
높이	11.76m
최대 운항고도	11,918/12,131m
경제 운항속도	841km/h
최대 운항거리	2,092/4,232/ 4,592/4,797km
좌석 수	200개

A320-200	
길이	37.57m
주날개 폭	34.09m
높이	11.76m
최대 운항고도	12,131m
경제 운항속도	841km/h
최대 운항거리	4,000/4,611km
좌석 수	150~160개

4. 항공기의 내부구조

1) 여객기(Passenger Aircraft)

■ 조종실(Cockpit)

운항승무원이 탑승하여 조종하는 곳으로 항공기 최전방에 위치하며 기종에 따라 운항승무원 좌석 2~3석, 비행 중 휴식을 위한 침대칸식 Bunk 등이 장착되어 있다.

■ 객실(Cabin)

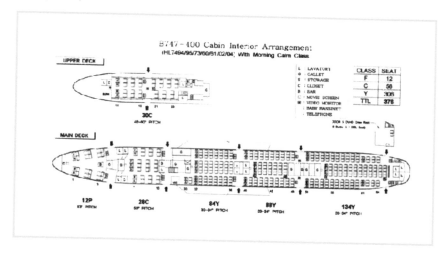

• 좌석(Seat : 승객용, 승무원용)

각 항공사에 따라 등급별로 다르게 좌석을 배치하고 있으나 대부분 일등석(First Class), 비즈니스석(Business Class), 일반석(Economy Class)으로 구성되어 등급에 따라 좌석과 좌석 간의 간격(Seat Pitch)이 다르다.

모든 승객좌석 밑에는 비행기가 비상사태로 인해 바다에 내렸을 경우 사용하는 비상용 구명복이 준비되어 있다. 승무원 좌석(Jump Seat)의 경우 비상시 승무원의 역할 수행을 위해 각 Cabin Door 옆에 설치되어 있으며 1~2명이 앉을 수 있도록 되어 있고 사용하지 않을 때에는 자동적으로 접혀지도록 되어 있다.

승무원 좌석 주변에는 객실 내 각 구역의 승무원 및 조종실의 운항승무원과 상호 간 연락을 취하고 필요시 기내 방송을 실시할 수 있는 인터폰과 비상장비 및 산소마스크 등이 있다.

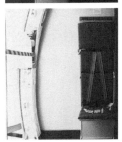

• 주방(Galley)

비행 중 승객에게 서비스할 식음료를 저장 및 준비하는 곳으로서 Oven, Coffee Maker, Water Boiler 등의 시설이 장치되어 있다. 지상에서부터 탑재된 Meal Cart와 음료 Cart, 서비스물품 등이 각 Compartment 내에 보관되어 있다.

• 수하물 선반(Overhead Bin)

승객의 좌석 머리 위쪽에 부착되어 있는 선반으로 승객의 가벼운 짐이나 코트 및 베개, 담요 등을 넣을 수 있는 선반을 말한다. A-300, DC-10, B747 등 뚜껑이 있는 것을 Stowage Bin이라 하고 B727 등 뚜껑이 없는 것을 Hatrack이라 한다.

● 코트 룸(Coat Room)

Coat Room은 주로 비행기 전후방 구석진 벽면 등을 이용하여 별도의 공간이 칸막이 식으로 마련되어 있는 곳으로서 Coat Room 안에는 승객의 Jacket, Bag 등을 보관할 수 있다.

● 화장실(Lavatory)

Water Flushing Type과 Air Vacuum Type이 있고 기내 화재 위험 방지를 위해 금연구역으로 운용되며 연기 감지용 Smoke Detector가 설치되어 있다.

최근 모든 항공사에서는 항공기 내 금연수칙을 강화하여 철저히 규제하고 있다.

● PSU(Passenger Service Unit)

기내 전반에 걸쳐 전 승객이 좌석의 팔걸이 부분에 혹은 머리 위 선반에 앉아서 이용할 수 있는 독서등, 승무원 호출버튼, Air Ventilation, 좌석벨트 및 금연표시등, 내장된 산소마스크 등이 있다.

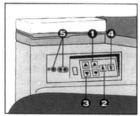

FIRST, PRESTIGE & ECONOMY CLASS
(B747-400, MD 11)

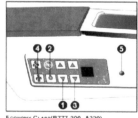

ECONOMY CLASS(B777-200, A330)

① Volume Control/음량조절
② Reading Light Switch/독서등
③ Channel Selector/채널선택
④ Attendant Call Button/호출버튼
⑤ Headset Jack/헤드폰잭

• 통로(Aisle)

기종에 따라 통로가 1개 혹은 2개 있으며, 각각 Narrow Body. Wide Body라고 칭한다.

■ 화물실(Cargo Compartment)

승객의 위탁수하물, 우편물 및 일반화물이 동체 아래 칸 Lower Deck에 탑재되는 곳으로 탑승수속 시 승객이 부친 수하물을 단위 탑재용기(Unit Load Device)를 이용하여 탑재함으로써 화물실 공간을 최대한 활용하고 있다.

2) 화물기(Freighter)

승객을 태우지 않고 순수 화물만을 탑재하는 항공기를 말한다.

Main Deck, Lower Deck 공히 화물탑재를 위한 공간으로 운영되며 B747 화물기는 Main Deck에 화물을 탑재할 수 있도록 Nose Door 와 Side Door가 있다.

항공기의 비행원리, 즉 비행에 있어서의 필수요건은 항공기 부양원리와 구조, 공기역학적인 힘(비행기에 작용하는 4가지 힘), 추진장치 그리고 항공기의 기본 운동이라고 할 수 있다.

1. 항공기 부양원리와 구조

비행기의 무게를 지지하는 것은 날개에 작용하는 양력(揚力)이다. 항공기가 엔진의 힘으로 전진하면 날개 상하면에는 압력차가 발생한다. 즉 날개 상면은 압력이 작아지고 날개 하면은 압력이 커지게 된다. 이때 큰 쪽에서 작은 쪽으로 작용하는 압력으로 인해 날개를 상승시키는 힘이 발생하게 되는데, 이 힘을 '양력(揚力)'이라 하고 이 힘에 의해 비행기 전체가 상승하게 된다.

비행기가 일정한 속도로 수평으로 날고 있을 때는 날개의 양력이 기체의 무게와 평형을 이루고 있기 때문이다. 항공기의 구조는 양력을 발생시킬 수 있도록 날개 면적이 넓어야 하며, 공기의 저항을 적게 받도록 유선형이 되어야 한다.

2. 공기역학적인 힘

항공기가 하늘을 날 때 작용하는 기본적인 4가지 힘은 다음과 같다.

비행기는 자체적으로 기체 중량이 지구 중심을 향해 작용하고 있으며, 공중에 떠 있기 위해서는 이 중량 이상의 양력이 작용해야 한다. 또한 비행기가 전진하기 위해서는 비행기가 받는 공기저항, 즉 항력(抗力) 이상의 추력을 얻어야 한다. 비행기가 자력으로 움직이기 위해서는 반드시 추력(推力)을 발휘해야 한다. 그리고 일정한 대기속도를 유지하기 위해 추력과 항력은 마치 양력과 중력이 일정한 고도를 유지하기 위해 같아야 하는 것처럼 같아야 한다.

추력이 항력보다 큰 상태가 계속되는 한 비행기는 계속해서 가속된다. 항력이 추력과 같을 때 비행기는 일정한 속도로 비행할 수 있다. 비행기가 일정한 속도로 수평으로 날고 있을 때에는 날개의 양력이 기체의 무게와 평형을 이루고 있기 때문이다. 항공기가 날개에 양력을 발생시키기 위해서 어떠한 속도로 공기 속을 진행하면 날개 및 비행기 전체에 공기 저항이 발생하게 된다. 이 비행기가 가속을 하려면 추력으로 항력을 극복해야 한다.

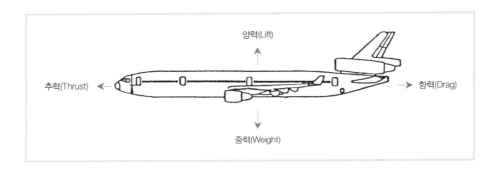

3. 추진장치

항공기의 추력을 발생시키는 추진장치는 엔진을 의미한다.

4. 항공기의 기본운동

항공기는 이륙에서 착륙까지 다음의 3가지 기본운동이 복합되어 비행이 이루어지게 된다.

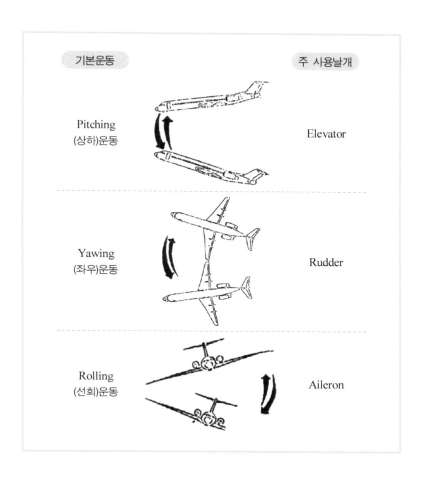

기본운동

주 사용날개

Pitching
(상하)운동

Elevator

Yawing
(좌우)운동

Rudder

Rolling
(선회)운동

Aileron

1. 이륙

항공기가 이륙 및 상승할 때 항공기의 성능은 하나의 엔진이 고장으로 가동되지 않는 상태의 성능을 기준으로 계산되어 있으므로, 이륙 및 상승과정에서 하나의 엔진이 작동되지 않아도 항공기 안전에는 지장이 없으나, 다음의 성능기준들에 의하여 항공기 운항의 책임자인 기장에게 이륙의 단념 혹은 계속 이륙의 정확한 판단이 요구된다.

1) 이륙 속도(Take-off Speed)

이륙 단계별 기준이 되는 속도를 말하며 활주로의 길이, 항공기 이륙 중량, 온도, 활주로 표고에 따라 변화하며 이륙 전에 운항승무원에 의해 반드시 계산되어야 한다.

■ V1(Critical Engine Failure Speed)

이륙 중 하나의 엔진이 고장이 났을 경우에 이륙을 단념할 것인가 또는 이륙을 계속할 것인가의 판단기준이 되는 속도이다. V1 이전에 항공기에 고장이 났을 경우에는 이륙을 단념해야 하며 이 속도 이상에서 엔진이 고장이 났을 경우에는 이륙을 계속해야 한다. 즉 V1 이전에서 엔진이 고장이 난 상태로 이륙을 계속할 경우에는 안전한 상승을 보장할 수 없다. 또한 V1 이후에서 이륙을 단념해야 하는 경우에는 주어진 활주로 상에 안전하게 정지할 수가 없다.

■ VR(Take-off Rotation Speed)

항공기가 부양할 수 있는 충분한 양력이 형성되는 속도를 말하며 이 속도에 도달하게 되면 항공기는 기수를 들어 부양을 시작하게 된다.

- V2(Take-off Climb Speed)

하나의 엔진이 고장난 상태에서도 안전한 상승률을 유지할 수 있는 속도를 말하며 활주로의 끝을 벗어나기 이전에 이 속도를 유지해야 한다.

2) 이륙 활주로

항공기 이륙 중량의 산출 시 기본적으로 고려되어야 할 활주로 거리는 다음과 같다.

- Take-off Distance(TOD)

지상 활주를 시작하는 시점으로부터 항공기가 부양하여 Main Gear 35ft 고도에 이르기까지의 수평거리를 말하며 35ft 고도는 항상 활주로 끝부분 이전에 이루어져야 한다.

- Accelerate Stop Distance(ASD)

지상 활주를 시작하는 지점으로부터 V1에서 하나의 엔진이 고장났을 때 제동조작을 시작하여 항공기가 완전히 정지할 때까지의 거리를 말하며 항공기는 항상 활주로 상에서 정지하여야 한다.

3) 이륙 중량

이륙 중량은 활주로 길이, 표면상태, 표고, 경사도, 활주로 연장선상의 장애물, 외기 온도, 바람의 방향과 속도 등에 의해 영향을 받으므로 이륙 시마다 이륙 중량이 변화하므로 매번 계산하여야 한다.

2. 상승(Climb)

엔진출력과 공기의 저항이 같을 경우는 일정한 속도로 수평비행을 하게 되며 속도를 증가시키거나 상승시키기 위해서는 일정량 이상의 출력이 필요하게 된다. 따라서 효과적인 상승을 위해 상승률, 상승각, 상승속도, 엔진출력이 고려되어야 한다.

3. 순항(Cruise)

일반적으로 상승과 강하를 제외한 수평비행을 순항이라 하며 적정한 순항고도와 속도의 선정은 연료 소모량의 결정적인 요인이 된다.

4. 강하(Descent)

항공기가 순항고도로부터 비행장에 착륙하기 위하여 진입하기 전까지를 말하며, 보통 순항고도로부터 착륙공항 상공 1,500ft 고도에 도달할 때까지의 비행단계를 말한다.

5. 진입(Approach)

항공기가 비행장에 착륙하기 위해 일정 항공로에서 벗어나 활주로 상공 50ft 지점까지 접근하는 경로를 말한다.

1) Decision Height(DH)

착륙 진입 중 계속하여 착륙을 할 것인가 또는 착륙을 포기할 것인가를 판단하는 기준이 되는 고도를 말하며, 진입방식, 지형지물 등에 따라 고도의 기준이 결정된다.

2) Go Around(또는 Missed Approach)

착륙 시도 중 착륙 활주로의 확인이 불가능하거나 활주로상에 장애물이 있을 경우에 착륙을 포기하고 다시 상승하는 것을 말한다.

6. 착륙

착륙속도로 활주로 끝 50ft를 통과하여 활주로 시작에서 1,000ft되는 지점에 접지되도록 하는 것이 표준절차이며 활주로 끝(Threshold)으로부터 항공기가 완전히 정지할 때까지의 조작을 착륙이라 한다.

1) 착륙속도

활주로 끝(Threshold)을 통과할 때의 속도로 1.3Vs(Stall Speed : 실속 속도)를 기준으로 계산되어야 하며 착륙 중량, 풍향 풍속 및 항공기의 상태에 따라 변한다.

2) 제동장치

착륙 시 필요한 제동장치는 다음 3가지로 구분되며 착륙 시 모두 이용된다.

■ Ground Spoiler(Speed Brake)

주로 항공기의 날개 표면에 부착되어 있으며 착륙 시 수직으로 들어 올려 공기저항을 유발하고, 또한 양력을 감소시켜 항공기 자중을 Main Gear로 이동시켜 Brake 효과를 양호하게 하며, 감속에 도움을 주며 High Speed에서 효과가 크다.

■ Thrust Reverser

엔진의 출력을 역추진시켜 감속효과를 증대시키는 장치로 High Speed에서 효과가 크다.

■ Brake

회전하는 바퀴에 제동을 가하는 장치로 Low Speed에서 그 효과가 크다.

3) 착륙거리(Landing Distance)

항공기가 활주로 끝(Threshold)을 통과할 때부터 정지할 때까지의 수평거리를 뜻한다.

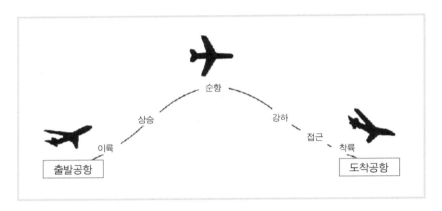

항공기에 탑승 근무하는 승무원은 조종실에서 근무하는 운항승무원과 객실에서 근무하는 객실승무원으로 구분된다.

1. 운항승무원(Cockpit Crew, Flight Crew)

1) 운항승무원의 임무

안전한 비행이야말로 항공사가 아무리 많은 관심을 기울여 추구해 나간다 해도 지나치지 않을 최고의 명제이며 최상의 서비스라고 할 수 있다.

이는 항공기 운항의 현장에 직접 종사하는 운항승무원, 항공정비사(Maintenance Engineer) 등 전문인력뿐만 아니라 항공사에 종사하는 모든 인력의 노력에 의해 이룩될 수 있는 것이지만, 항공기를 직접 운항하는 운항승무원이야말로 안전운항의 첨병이며 최종 책임자라고 할 수 있다. 그러므로 운항승무원은 그 임무의 중요성으로 인해 엄격한 기준에 의거하여 소정의 교육훈련 및 심사에 합격하고 국토교통부의 법적 자격을 취득하여야 하며, 양성된 후에도 매년 정기적으로 실시되는 훈련조

사와 수시 훈련을 통해 비행지식과 기량의 향상을 기하고 있다.

안전운항을 위하여 개인의 비행지식 및 기량습득은 물론 조종실 내의 원활한 Crew Communication과 나아가서는 사회적·국가적 책임과 의무를 다할 수 있는 인격의 함양에 정진하여야 한다.

2) 운항승무원의 구분

일반적으로 민간 대형 항공기의 운항승무원은 그 임무에 따라 기장, 부기장, 기관사로 구별되며 상호 유기적인 Crew Coordination을 통해 하나의 완전한 비행 임무를 수행하게 된다.

■ 기장(Captain)

비행 중 항공기의 안전운항은 물론 승객과 화물에 책임을 지는 조종사로서 항공기 운항에 필요한 모든 사항을 파악하고 대처하며 전 승무원을 지휘·감독하고 승객, 승무원의 안전을 위한 절대적인 권한을 가진 기내의 최고 책임자이다.

■ 부기장(First Officer, Co-Pilot)

비행 중 기장을 보좌하며 항공기의 안전운항을 도모하고 기장이 임무 수행이 불가능한 경우에는 기장의 업무를 대행하는 조종사로서 항상 기장의 조작을 주시하고 기장의 조작이 안전운항에 영향을 줄 정도로 위험하다고 판단될 때에는 시정을 건의하며 항공교통 관계기관과의 무선교신을 담당, 기장 업무 습득을 위해 노력한다. 항공기관사가 없는 기종의 경우는 연료 탑재량도 확인한다.

■ 기관사(Flight Engineer)

비행 중 기장을 보좌하며 비행규정, 운항규정 및 기타 회사가 정하는 바에 따라 엔진과 각종 기계의 정상적인 작동을 확인·유지시키며, 비행 전후에는 항공기 기체 및 각 계통의 고장이나 결핍 여부를 점검하고 보완 정비토록 하는 임무를 수행하는 운항승무원으로서 항공기의 성능관리에 대한 책임을 갖는다.

현재 운항 중인 대부분의 항공기는 항공기관사가 필요 없는 Two-Pilot(기장과 부기장) 항공기로 운항 중이다.

2. 객실승무원(Flight Attendants)

객실승무원은 남, 여 승무원을 총칭하여 승객의 안전하고 쾌적한 여행을 위해 객실에 탑승하여 근무하는 사람을 말한다. 신입 전문훈련 및 직급에 따른 임무수행에 필요한 소정의 교육과정을 이수해야 하며, 객실승무원은 항공기 탑승근무에 적합한 신체조건을 유지해야 한다.

객실승무원은 항공기 비상시 필요조치를 취할 수 있는 지식과 능력을 갖춰야 하며, 이를 습득, 유지하기 위하여 운항규정의 객실승무원 안전훈련 심사규칙에 명시된 소정의 교육을 이수하고 심사에 합격한 자이어야 한다(운항규정 부록 4-2, 객실승무원 안전훈련 심사규칙).

1) 객실승무원의 역사

원래 여객기의 객실에서 승객에 대한 서비스를 전담하는 객실승무원은 없었으며 대신 부조종사가 승객에게 간단한 음료서비스 등을 담당했었다. 그러나 여객기의 발달과 더불어 탑승객의 수가 많아지면서 객실 전용승무원의 탑승제도가 도입되었다. 당시 객실승무원을 'Flight Attendant'라고 불렀으며 이때부터 여객기에 조종요원과 객실요원의 기능이 구분되었다. 가장 먼저 객실승무원을 탑승시킨 항공사는 1928년 독일의 루프트한자 항공사로서 남승무원을 탑승시켰고, 이후 2년 뒤 1930년 미국의 보잉사에서 간호사를 채용하여 탑승 근무하도록 한 것이 스튜어디스의 시초이다.

근래에 와서 항공업계의 발전으로 인해 항공사 간의 무한경쟁의 시대로 돌입하게 되었고, 최신에 항공기나 정비·공항 시설과 함께 승무원의 중요성이 증대되고 있는 실정이다. 이러한 시대적 요청은 보다 능력 있고 직업의식이 투철한 인재를 요구하게 되었다.

2) 항공기별 탑승기준 인원

승무원의 탑승 인원 수는 비행 중이나 이착륙 시의 비상사태에 대비하여 여객기의 일반 출입구와 비상출구의 수만큼 태우는 것이 하나의 기준이 되고 있으며, 여기에 승객에 대한 서비스를 고려하여 객실승무원의 탑승인원을 결정하는 것이 원칙이다.

항공사마다 노선에 따라 차이는 있으나 일반적으로 다음과 같은 인원으로 탑승 근무한다.

- A380(25명)
- B747-400/300(18명)
- MD-11(8명)
- B777-200(7명)
- A330/300(6명)
- MD82(4명)
- F100(3명)

3

공항과 운항준비

제1절 공항
제2절 공항업무
제3절 항공기 운항준비

공항과 운항준비

03

제1절 공항

1. 공항의 정의

항공기의 도착, 출발 및 지상 이동에 사용할 목적으로 설치된 육상 또는 수상의 일정 구역이 비행장이며, 이들 비행장이 주로 항공운송을 위해 공공용으로 사용될 경우 이를 공항이라고 한다.

항공운송업무는 공항에서 이루어지므로 공항의 이해에서 비롯된다. 따라서 공항은 단순히 항공기가 이착륙하는 장소만이 아니고 항공운송에 필요한 여객 및 화물취급시설, 항공기의 급유 및 정비시설, 국제공항의 경우 관세, 출입국관리사무소, 공항검역시설 등 공공용의 제반시설과 항공기의 안전운항을 위하여 필요한 항공보안시설이 포함된다.

2. 기본시설

공항의 기능을 유지하기 위하여 필요한 제반시설 중 항공기의 이착륙과 관련하여 직접 또는 간접적으로 필요한 시설을 공항의 기본시설이라 하며 활주로, 유도로, 주기장, 항행안전시설로 구분된다.

1) 활주로(Runway)

항공기 이착륙 시 가속이나 감속을 위해 필요한 지상 활주로 노면을 말하며, 일반적으로 공항의 규모는 이 활주로의 수와 길이에 의해 결정된다. 활주로의 길이는 항공기의 이륙거리, 가속정지거리 및 착륙거리 등 항공기의 이착륙 성능에 의해 결정되며 그 강도는 항공기의 하중과 지반의 지지력에 의해 정해지는데, 이착륙하는 항공기의 하중 및 교통량에 견딜 수 있도록 포장되어야 한다.

2) 유도로(Taxiway)

항공기가 활주로에서 정비격납고, 주기장까지 원활하게 이동할 수 있도록 마련된 통로를 말한다.

3) 주기장(Apron)

공항에서 여객의 승강, 화물의 적재 및 정비 등을 위하여 항공기를 주기시키는 장소를 말하며 청사건물과 정비지역에 인접하여 위치하게 된다. 탑승주기장, 정비주기장, 야간주기장 등으로 구분한다.

4) 항행안전시설

■ 관제시설(Air Control Tower)

항공기의 이착륙 및 이동 시 안전하고 질서 정연하게 운항할 수 있도록 통제와 조정하는 항공로 및 항공교통관제(ATC : Air Traffic Control) 업무를 지원하는 시설을 말하며, 항공기 상호 간의 충돌 방지, 항공교통의 질서 유지 등을 확보하는 데 그 목적이 있다.

■ 무선시설

전파에 의해 항공기의 운항을 지원하는 데 필요한 시설로서 정밀진입용 시설인 계기착륙장치(ILS : Instrument Landing System) 등이 있다.

■ 등화시설

야간 또는 시계(視界)가 좋지 않을 때 항공기의 운항을 지원하는 등화로 만들어진 시설로서 진입등, 활주로등, 유도로 등이 있다.

3. 공항청사(Airport Terminal)

항공교통과 지상교통의 연결점으로 출입국 승객의 편의를 위해 항공사, 공항관리공단, 정부기관 등이 복합적으로 구성·운영한다.

1) 여객청사

전체 시설은 공항별로 다소 상이하나 1층은 도착장, 2층은 탑승수속장, 3층은 출국장 등으로 되어 있다.

■ 항공사 및 승객 운송지원 시설

- 항공사 사무실
- 탑승수속 카운터 : 일등석, 비즈니스석, 일반석, 공무여행, 단체, 수하물 연계서비스 등 KIOSK Check-in(무인 탑승수속)
- 귀빈실 : 공항당국 운영 귀빈실, 항공사 전용 귀빈실, 카드회사 클럽 라운지 등
- 수하물 인도장

- **■ 정부기관시설(C.I.Q)**
  - 세관(Customs)
  - 법무부 출입국관리사무소(Immigration)
  - 동식물 검역소(Quarantine)
  - 병무신고 사무소

- **■ 승객편의시설**
  - 수하물 보관소
  - 분실물센터
  - 유아휴게실
  - 청사 간 운행 셔틀버스
  - 공항 구내 신고전화, 흡연실, 의무실, 만남의 장소
  - 식당, 은행, 우체국, 서점, 약국, 면세점 등

- **■ 안내시설**
  - 안내데스크 : 각 청사 1층 중앙에 위치하여 공항이용객에게 운항정보, 출입국절차 안내, 공항시설물 안내, 공항 이용 시 불편사항 접수 등 각종 정보에 대한 상세한 안내서비스를 제공한다.
  - 항공기 운항안내 표지판 및 터치스크린 안내시스템 : 공항을 이용하는 승객을 위한 항공기 운항안내 표지판에는 항공 편, 최종 목적지, 출발시간, 탑승구 번호, 지연, 결항 등의 내용이 표시된다. 그 외 터치스크린 안내 시스템에는 공항이용객이 화면상의 그림을 선택하여 필요한 공항이용정보를 컬러그래픽과 사진, 음성으로 안내받을 수 있도록 한 시스템도 있다.
  - 합동민원실 : 한국공항공단 및 관광공사, 통신공사 등 3개 기관이 기관별 고유업무 및 CIQ 업무에 대한 안내서비스를 실시한다.
  - Tele-Guide System/호텔 안내카운터 안내 : 호텔, 기업체 안내 및 호텔 안내카운터의 가이드에 의한 국내 유수 호텔에 대한 예약 및 셔틀버스 안내도 실시하고 있다.

- 관광협회 : 서울시내 호텔예약 및 한국관광 안내, 일반 교통안내 및 관광자료를 제공한다.
- 기타 리무진버스, 렌터카 등 교통안내

2) 화물청사

항공화물이나 우편물을 집산하여 보관하고 항공운송으로 연결하는 시설로 화물전용기 주기장과 화물탑재 및 하기에 필요한 설비를 갖추고 있다.

■ 청사 제반시설
- 항공사 사무실 및 물류 보관창고
- 화물운송대리회사의 물류창고
- 우편물 취급센터
- 세관과 동식물 검역시설

4. 기타 시설

1) 지상조업사(Ground Handling Company)

여객 및 화물의 안전하고 신속한 수송을 위해 항공기의 출발지, 경유지, 목적지 공항에서 필요로 하는 제반업무를 취급하는 업체를 일컫는다.

■ 고객 서비스
승객의 항공기 탑승, 하기 시 항공기 또는 도착장까지의 이동서비스(Step car, Ramp bus, Wheelchair car 등)

■ 수하물, 화물의 탑재 및 하기 서비스
화물 및 수하물의 접수, 보관, 인도, 탑재 및 하기(Loading & unloading of cargo and baggage)

■ 램프 서비스

항공기 유도(Marshalling), 항공기 견인(Aircraft towing & pushback), 시동점화, 전원공급 등

■ 항공기 서비스

항공기 외부 및 객실청소, 제설 및 방빙(Deicing & Anti-icing), 냉온방, 래버토리 서비스(Lavatory service), 식수공급(Potable water service), 조업장비 정비 등

2) 기내식 사업소(Catering)

기내식 제조 및 각 운항 항공사에 대한 판매와 공급업무를 비롯하여 보세창고 대여업을 업무로 하고 있다. 기내식센터(Catering Center)에서 출발 항공 편의 시간에 맞추어 기내식, 음료, 잡지 등 각종 서비스 품목을 전용차량을 이용하여 해당 항공편으로 운반하며, 항공기 주방(Galley)의 지정된 위치에 탑재한다.

3) 급유시설

항공연료를 탱크로부터 지하의 파이프라인을 통해 각 주기장까지 송유하여 동시에 대량으로 연료를 신속히 급유할 수 있도록 하이드란트(Hydrant) 시스템을 이용하여 항공기에 공급하는 서비스를 제공하고 있다. 또한 Hydrant 시설 외에도 공항별로 탱크로리(tank lorry)에서 트럭으로 운반하여 급유하는 시설도 다수 있다.

4) 격납고(Hangar)

항공기를 넣어두고 정비와 점검 등의 작업과 검사를 하기 위해 만들어진 대형건물을 말한다.

공항 운송직원이 수행해야 하는 업무는 크게 두 가지로 요약할 수 있다. 첫 번째로 승객을 안전하고 편안하게 모시는 대고객 서비스제공 업무이며, 두 번째로 안전·정시운항을 위한 공항 관계기관과의 유기적 협조업무이다. 이처럼 서비스와 업무의 적절한 조화를 통해 원활한 공항업무가 이루어지게 된다.

1. 공항업무의 특성

1) 현장성

공항 현장에서 정해진 출발·도착 시간에 항공기의 정시운항을 지원하고 대고객 서비스를 제공한다.

2) 다양성

여객, 수하물, 화물 등에 대한 포괄적인 내용의 업무를 수행한다.

3) 종합성

항공기 운항은 운송, 객실, 정비, 운항 등 여러 분야의 업무가 동시에 종합적으로 조화있게 진행되어 관계기관과의 긴밀한 협조 하에 이루어지는 승객 서비스이다.

2. 분야별 주요 업무

1) Passenger Handling

승객의 탑승수속 및 출발과 도착, C.I.Q 안내, 보안 및 안전점검 업무

2) Cargo Handling

화물의 탑재, 하기와 Warehouse 관리 및 운영, 장비 및 ULD 관리 업무

3) Flight Dispatch

Flight Schedule 확인, Flight Plan 작성, 제출 및 출항허가 업무

4) 정비업무

항공기 점검과 정비, 부품관리 및 정비, 장비 점검 업무

5) 객실업무

기용품 및 기물관리, 쾌적한 기내환경 유지, 기내식 제조와 공급

6) 조업업무

조업사 관리와 감독, OAL 지상조업 제공과 계약관리 업무

항공기 운항은 안전성을 최우선으로 하여 경제성·쾌적성 및 정시성의 달성을 목표로 하며, 이를 위해서는 철저한 사전준비가 필요하다.

1. Pre-flight Briefing

Pre-flight Briefing은 해당 운항관리사(Dispatcher)에 의해 행해지는데 여기서 실제 운항에 필요한 제반 운항정보를 기장에게 Briefing하고 Flight Release Sheet에 기장과 함께 서명함으로써 운항이 가능하게 된다.

Briefing에 포함되는 내용은 다음과 같다.

- 출발지, 목적지, 항로 및 교체 공항의 기상 정보
- 여객 및 화물에 관한 정보
- 사용 비행장 시설
- 각 지역의 운용법규 및 최신 비행정보
- 비행계획(비행시간, 연료, 고도, 이륙중량 등)
- 기타 비행에 영향을 미치는 사항

2. 정비(Maintenance)

1) 정의

정시의 안전한 운항을 위해 항공기 기체의 품질을 유지·향상하도록 하는 점검, 서비스, Cleaning, 수리 등의 작업을 총칭하는 것이다. 정비의 대상이 되는 항공기

자재는 기체(Airframe), 원동기(Power Plant), 착륙
장치, 항법장치, 전자통신장비 등 항공기에 대
해 장탈착이 용이한 종합적인 장비품인 부분
품(Component) 등이다.

2) 목표

항공기재면에서 항공회사의 사명인 정시성을 유지함과 동시에 안전하고 쾌적한
항공수송을 달성함을 보증하는 데 있다. 즉 안전한 비행, 확실한 운항, 쾌적한 서비
스가 가능하도록 항공기 및 그 부분품의 제기능을 유지·향상시키는 것이다. 이를
위해 항공운송에 있어 가장 큰 중점사항은 항공기가 안전한 운항을 할 수 있도록
성능을 보장하는 감항성(Airworthiness), 정확한 정비 계획 및 예방 차원의 정비 수행
으로 정시성, 쾌적성, 정비의 경제성 등이다.

3. 연료 보급

비행구간에 따라 사전 계획된 연료의 탑재량을 지하 송유관을 통해 항공기 기체
부분의 연료탱크에 주유하는 것을 말한다.

- **연료의 소모**
  - 탑승 전 주기상태
  - 승객탑승 및 수하물 탑재(Zero Fuel)
  - 연료 탑재 후 Push back
  - Taxi Fuel 소모 : 엔진시동 후 이륙 지점까
    지 활주하는 데 소모되는 연료

■ 법정 연료(Required Fuel)

항공기가 출발 공항부터 목적 공항까지 안전하게 비행할 수 있도록 법으로 정해져 있는 연료(Trip Fuel, Contingency Fuel, Alternate Fuel, Holding Fuel 등)

- Trip Fuel : 출발지부터 이륙 후 목적지 비행장에 도착할 때까지 소모되는 연료로 Burn Off Fuel이라고도 한다.
- Contingency Fuel : 항로상의 돌발사태로 인한 우회비행 또는 계획된 고도운항의 불가 시에 대비하여 탑재
- Alternate Fuel : 목적 공항으로부터 교체 공항까지의 비행연료
- Holding Fuel : 교체 공항 1,500ft 상공에서 30분간 체공할 수 있는 연료

📖 • Legal Reserve Fuel = Contingency Fuel + Holding Fuel + Alternate Fuel + ETOPS Reserve Fuel + Refile Reserve Fuel

Ramp Out Fuel	Taxi Fuel				
	Takeoff Fuel	Trip Fuel			
		Reserve Fuel	Legal Reserve Fuel	Contingency Fuel	Minimum Takeoff Fuel
				Holding Fuel	
				Alternate Fuel	
				Refile Reserve Fuel	
				ETOPS Reserve Fuel	
			Additional Fuel	Extra Fuel	
				Company Compensation Fuel	
				Tankering Fuel	

4. 비행 전 항공기 점검

운항승무원은 Briefing 후, 부기장은 조종석에서 조종실 기기상태를 점검하며, 기장은 항공기에 도착하여 항공기의 외부 및 내부 상태를 점검한다. 이상이 없을 경우에는 Flight Log에 정비사와 함께 서명을 함으로써 항공기를 인수하게 되는데 이때의 점검 내용은 다음과 같다.

- 비행일지
- 항공기 외부상태
- 조종실 내 계기 및 System 상태
- 연료 탑재량
- Weight & Balance

■ Weight & Balance

항공기가 구조상으로 안전을 유지할 수 있는 중량 한계 및 무게 중심의 허용 범위 내에서 운항할 수 있도록 승객 및 화물, 수하물, 기타 탑재물 등을 한쪽으로 치우치지 않게 탑재되도록 균형을 조정하는 업무이다. 정확한 Weight & Balance 업무는 항공기의 안전 운항과 직결되며 적절한 무게 중심의 확보는 경제운항과 연관되는 중요한 사항이다.

■ 항공기 무게

- SOW(Standard Operating Weight) = 항공기 자중 + 승무원 + 기내서비스용품
- Payload = 승객 + 수하물 + 화물 + 우편물 + ULD(Unit Load Device : 단위탑재용기)
  항공기에 탑승한 승객의 중량 및 탑재된 Item 중량의 총합계
- 허용탑재중량(ACL : Allowable Cabin Load)
  = 이륙가능중량(AGTOW) − 항공기자중(SOW) − 연료(Take-off Fuel)

5. 지상조업(항공기 청소)

승객이 탑승하기 전 쾌적하고 깨끗한 기내 환경조성을 위한 항공기 청소(Cabin Cleaning)를 말한다. 이러한 지상조업의 내용으로는 구체적으로 화장실을 포함한 승객좌석, 갤리 등 기내 전 구역 쓰레기 처리 및 청소, Head Seat Cover Setting, 승객좌석벨트 정리, 승객좌석 주머니 속의 Item(항공사 기내지, 면세품 안내지, 구토대 등) Setting 등의 작업들을 말한다. 지상조업에는 많은 인력과 장비가 소요되며 조업사의 서비스 품질은 곧 항공사의 서비스 수준에 직접적인 영향을 주게 된다.

- 지상조업은 공항에서 여객 및 화물의 수송을 위해 수행되는 다음의 제반업무들을 포괄적으로 의미한다.
  - 승객의 탑승수속/출국/입국 및 수하물 취급
  - 화물의 접수/보관/인도
  - 승객/수하물 및 화물의 탑재관리
  - 지상장비 지원 및 기체작업
  - 항공기 청소
  - 정비 및 연료 보급
  - 운항관리 및 관련 서류 취급

6. 기내서비스용품 탑재

비행 중 승객에게 제공하는 기내식 및 기타 서비스용품 등을 탑재한다. 이때 객실승무원은 승객 서비스에 필요한 각종 준비사항을 점검한다.

기내에 탑재되는 서비스용품은 매 비행시 기본적으로 탑재되는 서비스 기물, 서비스용품 (Standard Loading Items)들을 포함하여 해당 비행의 탑승객 수와 비행거리에 따라 기내식이 탑재된다.

7. 위탁수하물 및 화물 탑재

승객들이 탑승수속 시 Check-in Counter에서 부친 승객의 수하물 및 여객기에 탑재되는 일부 화물로 항공기의 화물칸에 탑재되며, 신속하고 효율적인 탑재를 위하여 지상조업장비를 사용한다.

8. 승객탑승

항공기 준비에 대한 제반 내용에 대한 최종점검을 확인한 후 비행인가를 받게 되면 승객이 탑승하게 된다. 즉 지상조업 및 정비, 운항 및 객실승무원 등이 지상에서의 비행준비가 끝난 후 운송담당직원들에게 승객탑승 준비완료 허가 사인을 준 후 승객탑승을 실시하게 된다.

1) Boarding Bridge 탑승

승객의 탑승 및 하기 시 터미널과 항공기를 연결하는 탑승교이다.

2) Step Car 탑승

항공기가 탑승교에 연결될 수 없는 경우(Remote Spot Parking 시) 승객들은 계단식 차량을 이용하여 탑승·하기한다.

9. 이륙

항공기의 이상 유무를 최종적으로 정비사와 기장이 교신하여 출발 전 최종 확인을 하고 관제탑의 이륙허가를 접수한 후 이륙하게 된다.

10. 비행 후

비행이 끝나면 운항승무원은 비행의 경위를 운항관리사에게 설명하게 되는데 이를 Debriefing이라 하며, 그 내용은 추후 비행계획 수립에 참고자료가 된다. Debriefing 후 운항승무원의 임무는 종결된다.

- ■ Debriefing의 내용
  - 항공기의 상태
  - 기상상태
  - 비행계획과 실제 비행과의 차이점
  - 비행안전의 저해요소

지연(Delay), 결항(Cancel), 경로변경(Diversion), 회항(Return) 등 기상, 정비, 항공사 영업정책 등 여러 가지 사유로 인해 비정상운항이 발생될 수 있다.

이때 항공사의 승객 H/D관련 규정은 다음과 같다.

- 승객규모, 지연시간 등을 감안하여 필요시 승객안내를 위한 대책반 운영 등 FLT Handling 계획 수립
- 지연 운항 시 승객안내서비스 및 승객탑승 후의 경우는 승객하기 여부 결정
- 의무서비스(Obligatory Service) 제공(단, 기상조건, 천재지변, 자항공사 이외의 종업원의 파업, 사회적 소요상태, 타 항공사의 사유로 인한 연결 불가 등의 경우는 예외)
- 예정 승객의 도착시각 변경에 대해 마중객 등에게 관련내용 전달 및 스케줄 변경
- 장시간 지연 시 동일 항공사 및 타 항공사 대체편 확보 및 필요시 육로수송 검토

4

항공화물운송서비스

제1절 항공화물의 발달과 특성
제2절 항공화물운송서비스와 판매

항공화물
운송서비스

04

항공화물의 발달과 특성

1. 항공화물의 발달

1) 시대별 화물운송 특성

초기 항공화물은 제2차 세계대전 이전 우편물 및 소량 응급품의 수송에서부터 시작하여 제2차 세계대전 중에는 군사적 수요에 의해 성장하였으며, 제2차 세계대전 후 무역의 증가에 따라 군용 항공기가 민수로 전환되면서 경제성을 수반한 민간화물운송의 형태로 시작되었다.

당시는 프로펠러기 시대로 추진력도 적었고 따라서 화물의 탑재량도 1~2톤 정도로 품목도 긴급 물류, 서류, 귀중품 등의 한정된 것들만이 수송되었으나, 1960년대 들어 종전의 프로펠러기에 비교하여 2배의 스피드, 탑재능력을 갖춘 DC-8, B-707기의 제트기가 출현, 제트(JET)시대가 개막되면서 최초의 화물전용기가 등장하였다.

탑재방법도 종래의 낱개 적재로부터 팔레트(Pallet), 컨테이너(Container) 적재로 바뀜에 따라 서서히 항공화물의 수송량이 증가, 대중화되어 새로운 항공운송시대를 열었다.

1970년대 들어 약 100톤의 수송력을 갖춘 B747 화물기의 등장은 항공화물의 대량 수송시대로서 대형화·장거리화로 항공화물산업 발전의 개막을 예고한 것이었다. 1980년 이후 지금까지 항공화물운송산업은 첨단 전산시스템이 뒷받침하는 신속성과 정확성을 바탕으로 현대기업의 Supply Chain Management(물류공급망 관리)의 중요한 축으로서의 급속한 성장을 거듭하고 있다.

○ **시대별 화물수송 특성**

시대	수송 특성
제2차 세계대전 이전	최초 우편물 및 응급수송에 한정
제2차 세계대전	항공기 발달로 화물 수요 증가, 군용항공기의 민수 전환
1950년대	제트기 시대 개막(B707, DC-8)
1960년대	최초 화물전용기(Freighter) 등장(DC-7F, DC-8F, B707F)
1970년대	B747, DC-10, A300 등 항공기의 비약적 발달 대량/대형화물의 장거리 수송
1980년대	항공화물의 고도 성장시대
1990년대	각 항공사의 화물전용기 확보 강화
2000년대	2000년대 Alliance 결성에 따른 경쟁구도 변화(Sky Team, Oneworld, Star Alliance 등)

2) **화물운송서비스의 발달요인**

- 고부가가치 상품의 증가로 인한 신속한 수송의 필요성 대두
- 국제적 분업화로 자재이동 증가, 국가 간 무역의 증가로 인한 수요 증대
- 대형 화물전용기의 등장, 단위 탑재용기(항공용 Container)의 발전 등 서비스의 질적 향상
- 공항터미널 시설 확충 등 운송능력의 증가
- 신규 노선의 개발

- 해상운송에 비교하여 운임 자체로는 비싸나 수송기간의 단축으로 인한 경제적 이익, 포장비, 보험료 등 물류비용 측면에서 경제적 운임 경쟁력을 확보하며 급성장하게 되었고 정시성과 신속성을 보장
- 해상화물의 경우 충격 및 장기 수송에 따른 파손, 도난, 원형 변질 우려 및 해수 등에 의한 부식 위험이 있으나, 항공화물 운송의 경우 이러한 위험성이 배제된 안전한 운송수단의 역할

2. 항공화물의 특성

1) 신속/정시성

- 짧은 수송시간 및 높은 정시성

2) 안정성

- 진동 및 충격이 적어 화물의 훼손을 최소화

3) 고운임

- 높은 운임에 따른 대상 화물의 한정

4) 야행성

- 낮시간에 화물집하 후 야간에 수송하여 다음날 인도

1. 주요 항공화물운송품목

1) 산업고도화에 따른 고부가가치의 공업제품

전자기기, 반도체, 휴대폰, LCD, 정밀광학제품, 컴퓨터, 통신기기 등이 있다.

2) 신속하고 긴급한 수요에 의한 품목

건설자재, 공장설비, 기계류 부품, 납기가 임박한 물품, 유행성 상품(의류, 완구류) 등이 있다.

3) 훼손 및 도난의 위험성이 큰 품목

모피, 미술품, 귀금속(다이아몬드, 금, 백금) 등이 있다.

4) 장기간의 수송일 경우 가치가 떨어지는 시한성 품목

생선, 식료품, 생동물, 화훼류, 신문, 잡지, 뉴스필름 등이 있다.

5) 물류관리나 마케팅 전략적 요청에 의한 품목

과잉재고에 의한 가격 하락의 방지 및 신속하고 확실한 대고객서비스 체제에 의한 시장경쟁력 제고를 목적으로 한 상품을 의미한다.

2. 화물운송 형태

1) 여객기(Passenger Aircraft) 이용

여객기의 승객 수하물 공간 이용 : 항공기 구조상 Upper Deck 및 Main Deck의 여객좌석(Seat)이 장착된 곳에는 여객이 탑승하게 되며 이를 제외한 Lower Deck의 수하물을 탑재하고 남은 공간(Space)을 이용하여 화물을 수송한다.

2) 화물전용기(Freighter) 이용

대형/다량의 화물 수송 : 여객은 탑승하지 않으며 Main Deck, Lower Deck에
다 같이 화물만 적재된다.

3) 화객 혼용기(Combination Aircraft-Combi)

Lower Deck와 Main Deck 뒷부분에 화물을 탑재한다. 즉 여객이 탑승하는
Main Deck의 뒷공간에 칸막이를 설치하여 Main Deck에 여객과 화물을 동시에
탑재할 수 있다. 상대적으로 여객수요가 적고 화물수요가 많은 노선에 투입된다.

3. 항공화물운송 판매

1) 대리점을 통한 간접판매(Indirect Sales)

대리점은 항공사와의 계약을 통해 항공사를 대신하여 화주와 항공화물운송 계약
을 체결하고 그 대가로 항공사로부터 일정률의 수수료를 받고 화물운송 판매를
하게 된다. 항공화물대리점은 기존의 전화나 팩스, 항공사 공동화물시스템 외에
인터넷으로 화물예약을 받는다.

> **Forwarder : 항공화물운송 대리점(대리인)**
>
> 화주와 항공사 사이에서 화주로부터 화물운송의 전 과정을 위임받아 자기의 책임 아래 운송을
> 대리하는 업체로서 화물운송과 판매의 대리인이다. 항공사로부터의 수수료, 화주로부터의 대행수
> 수료 및 화물 혼재로 인한 이윤으로 이익을 창출하게 된다.

2) 항공사의 직접판매(Direct Sales)

화주와 항공사 간의 직접계약, 즉 송화주(Shipper)나 수화주(Consignee)를 대상으로
항공사가 직접 화물을 유치하는 판매활동을 의미한다.

3) 항공사 간 판매(Interline Sales)

항공사 간 협정에 의거하여 타 항공사 구간에 자사의 화물을 운송하거나 타 항공사 화물을 자사 구간에 운송하기 위해 화물을 판매하는 방법이다.

4) 전세판매(Charter Sales)

항공사와 전세자 간에 전세계약을 맺어 특정 구간 항공기의 화물 공간(Space)을 전부 또는 부분적으로 판매하는 형태이다.

초대형 물류업체(Global Logistics Provider)의 등장

- DHL, UPS, Schenker, CEVA, Expeditors 등이 있다.
- 항공물류업체 간의 M&A로 대형화 및 세계적 네트워크를 구축, 단순 항공운송대리업(Forwarding)에서 보관(Warehouse), 물류공급(Distributor), 업체에 따라 항공운송까지 참여하는 통합물류업체로 변화하고 있다.
- 최근의 항공공급 과잉시장에서 시장주도권이 항공사로부터 대형 물류업체로 이동하고 있다.

✈ 4. 화물운송서비스 절차

1) 화물운송계약 체결

수출입의 절차에 따라 수출업자, 수입업자 간의 상담 후 신용장(L/C)이 개설되고 수출입 승인에 의거하여 공장생산을 통해 제품이 생산되며 화물운송 계약이 체결된다.

2) 화물운송 예약

화물대리점은 송하인 또는 수하인이 원하는 해당편의 화물 Space를 항공사에 요청해야 하며, 예약접수 시 다음 사항들을 확인하게 된다.

- 요청 항공 편의 Space 가능 여부
- 해당 항공기 탑재 가능 여부

- 화물기에 탑재 가능한 품목 여부
- 생동물 및 부패성 화물과 같은 민감한 화물의 경우 적시 통관 가능 여부
- 다구간 운송의 경우 타 항공사 간 연결운송 가능 여부

3) 화물 Pick-Up, 포장 및 운송(Trucking)

화물대리점은 화주의 생산공장으로부터 화물을 Pick-Up하여 필요한 포장, Marking, 라벨을 부착, 공항화물 터미널로 수송한다. 화주가 공항까지 직접 화물을 운송, 접수시켜 대리점이 배제되는 경우도 있으나 시간·경비의 편의상 대부분의 경우 화물은 화물대리점을 통해 Pick-Up, 공항까지 운송된다.

4) 공항에서의 화물 접수

공항화물 터미널에 도착한 수출화물은 화물창고에 반입되어 수출통관 절차를 받게 되며 동시에 화물접수 마감시간 이전에 해당 항공사에 Airway Bill을 접수한다.

Air Waybill(AWB, 항공화물운송장)

여객항공운송의 항공권, 즉 Ticket과 같은 의미로 항공화물운송의 가장 기본적인 서류를 뜻하며 그 기능은 다음과 같다.

- 화물접수 영수증
- 운송계약체결 증명서
- 요금계산서
- 보험가입 증명서
- 세관신고서
- 화물운송의 지침서

5) 단위 탑재화 작업(Unitization)

항공기 Space의 최대 활용, 지상조업의 시간 단축, 화물의 보호를 위해 팔레트 혹은 컨테이너 등의 ULD(Unit Load Device)에 적재하는 작업이 이루어진다.

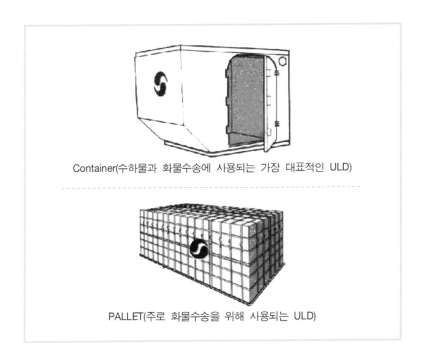

Container(수하물과 화물수송에 사용되는 가장 대표적인 ULD)

PALLET(주로 화물수송을 위해 사용되는 ULD)

6) 적하목록(Manifest)의 작성

화물의 AWB 번호, 총수량, 품목명, 중량, 목적지 등을 표기 내용으로 하는 화물 적하목록이 작성되며 이 적하목록의 용도는 항공기 출입국 시 관계당국에 제출하는 신고서 및 일정 항공권의 화물목록표 수입심사의 용도로 사용된다.

7) 탑재

탑재절차에 준하여 탑재장비인 High Lift Loader, Belt Loader 등을 이용하여 항공기의 화물실에 적재된다.

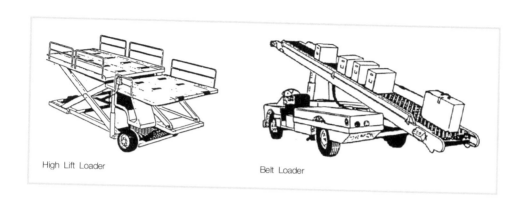

High Lift Loader   Belt Loader

8) 화물의 도착

하기되는 항공화물은 즉시 세관에 신고절차를 밟아 적하목록과 대조하여 수량이 점검되고, Damage, Missing 등 Irregularity가 발견되면 적하목록에 기입 및 필요한 조치를 취해야 한다. 그리고 모든 화물의 점검이 끝나면 화물은 보세창고로 옮겨지며 부패성 화물, 고가품, 위험품 등과 같이 특별 취급을 요하는 특수화물은 별도 보관된다.

9) 화물의 도착 통지

도착 통지는 전화나 인터넷, 우편물 등 가장 신속하고 가능한 방법을 택하여 통지한다.

10) 수하인에게 화물 인도

화물은 수하인 또는 그의 대리인에게 인도되며 착지불 운임의 경우 적용된 운임의 정확성 여부 확인 및 잘못 적용 시 AWB를 정정하여 입금조치토록 한다.

Airline Management

항공여객운송서비스

항공여객
운송서비스

05

제1절 예약서비스

항공회사의 상품은 한 지점에서 다른 지점으로 이동하는 Seat 혹은 Space의 개념이라고 볼 수 있다. 이는 회수하여 보관하거나 보관하였다가 재판매할 수 없는 시한성과 일회성의 성격을 가지고 있다.

여객운송서비스는 예약, 발권, 운송 단계를 거쳐 판매가 완료된다. 즉 예약을 통하여 생산될 상품의 판매를 촉진하고 소요량을 예측하여 생산의 규모를 계획하고 예약이 확약된 발권을 통하여 수입을 확정하며 운송의 준비를 하는 역할을 담당하고 있다.

예약기록에 포함된 승객 성명, 여정, 서비스 등급을 이용하여 승객에게 항공권을 발급하고, 예약을 완료한 승객의 명단과 각 승객이 요청한 특별 서비스 사항 등은 자동적으로 운송시스템으로 이관되어 공항에서는 Check-in을 실시할 수 있으며 승객이 요청한 특별 서비스도 미리 준비하여 제공하도록 되어 있다.

1. 예약서비스 내용과 예약경로

예약은 항공좌석의 정확한 운용관리 및 효율적인 판매를 통하여 이용률을 극대화하여 항공사의 수입을 제고하고 항공 여행객의 편의를 도모하는 데 그 목적이 있다. 좌석예약 및 판매에서부터 항공여정 작성, 기타 부대서비스로 각국의 공항 소개, Visa 및 여권에 관련된 사항, 주요 도시의 Hotel 및 City Tour에 대한 정보 및 예약, 렌터카, 각국의 환율 등 여행에 필요한 제반 정보 및 편의를 제공하는 역할을 하고 있다.

1) 예약서비스의 내용

■ 항공여정의 작성

승객이 원하는 목적지까지 편리하고 경제적인 항공여정을 작성해 준다.

■ 부대서비스 예약 제공

세계 주요 도시의 호텔예약, 관광 렌터카, 기타 교통 편 등 관광관련 정보 등을 제공하고 예약을 대행한다.

■ 특별기내식, 사전 좌석지정 등 사전준비가 필요한 고객의 요구사항 반영

■ 기타 여행정보

항공요금, 출입국 수속절차, 여행지의 안내 등 여행관련 정보를 제공한다.

2) 예약경로

승객이 해당 항공사나 항공사의 전 지점을 직접 방문하거나 전화, 항공사의 인터넷 홈페이지 또는 스마트폰 등을 이용할 수 있다. 또한 여행대리점 그리고 타 항공사를 이용하여 예약할 수도 있으며, 예약은 항공사 예약 전산시스템에 의해 모두 전산처리되어 기록된다.

2. 예약에 필요한 사항

1) 항공사 필요사항

■ 성명

승객의 여권상의 이름

■ 비행여정 스케줄의 확인

여행구간, 출발지, 도착지, 출발 및 도착예정일, 항공 편명 등의 비행여정을 확인한다. 이는 항공사 방문 및 전화문의 등의 방법 외에도 각 항공사별로 제작된 Time Table이나 Official Airline Guide(OAG)를 참조하여 필요한 비행 편 스케줄을 직접 확인할 수 있다.

항공사별 Time Table

Table은 항공사별로 계절, 증편 또는 신규 취항 등의 요인에 따라 1~3개월 단위로 만들어지며, 아래 전 노선의 비행 편 스케줄 외에도 각 항공사 고유의 서비스 상품에 대한 안내 및 여행시 필요한 각종 정보, 그리고 승객이 탑승 시 알아두어야 할 제반규정, 운송규정, 수하물 안내, 운영지점의 전화번호 등이 수록되어 있다.

Official Airline Guide(OAG)

여객의 항공예약을 위해 전 세계 항공사의 운항스케줄을 포함한 많은 정보를 북미판과 세계판의 2종으로 발간하는 항공예약 책자를 말한다. 항공사 스케줄, 공항별 최소 연결시간, 주요 공항의 구조 및 시설물, 항공약어, 공항세 및 Check-in 시 유의사항, 수하물 규정 및 무료수하물 허용량, 각국 통화규정 등이 수록되어 있다.

비행 소요시간 계산방법

항공사 스케줄은 출발지 시간과 도착지 시간이 서로 다른 현지시간으로 표시되므로 양쪽 시간을 모두 GMT로 환산하여 계산한다.
GMT는 Greenwich Mean Time의 약자로 세계 표준시간을 의미하며, 영국 Greenwich 지방의 시간을 세계의 표준시로 정하여 GMT라 하고 전 세계를 24개 시간대로 나누어 각 지역별로 한 시간씩의 시차를 두었다.

비행소요시간 = 도착지의 GMT − 출발지의 GMT

예)					
Seoul 서울 (	Incheon 인천공항	) (+9) - Los Angeles 로스앤젤레스 (-8)			
	KE017 15:00 08:50 747 PCY 1234567				

1. 각각 현지시각으로 표시된 도착시간과 출발시간을 GMT로 계산한다.
   LAX 도착시간 0850+(8)=1650
   SEL 출발시간 1500−(9)=0600
2. 도착지 GMT에서 출발지 GMT를 빼면 비행시간이 산출된다.
   1650G−0600G=10시간 50분(비행소요시간)

■ 항공좌석 등급

• CABIN CLASS(운송 등급)

실제 항공 편에 설치·운영되는 등급으로 승객이 실제 탑승하는 등급을 말한다.

- 일등석(First Class)

- 비즈니스석(Business Class)

- 일반석(Economy Class)

• BOOKING CLASS(예약등급)

항공좌석 판매·예약 시 수요 특성별·지역별로 구분한 등급으로 Stopover 횟수, 여정기한, Transfer 횟수 등에 따라 그 종류가 결정되고, 각각의 운임에는 해당 Booking Class가 따로 정해져 있다.

동일한 Class를 이용하는 승객이라 할지라도 예약담당자는 예약 시 승객의 여정조건을 살펴 그에 알맞은 가장 저렴한 운임의 해당 Booking Class로 예약을 해야 한다. 이는 고객에게 여정에 맞는 다양한 종류의 상품 선택 기회를 제공하고, 항공사에선 상대적으로 높은 운임의 개인승객에게 수요발생 시점에 관계없이 예약 시 우선권을 부여함으로써 높은 운임의 승객을 보호하고, High Revenue 수요와 Low Revenue 수요의 차별화된 Data Base 관리로 수익을 극대화하려는 취지에서 운영하고 있다.

항공사에 따라 코드가 다종다양하게 사용되는데 예를 들면 다음과 같다.

- First Class : R(Supersonic), P(First Class Premium), F(First Class)
- Business Class : J(Business Class Premium), C(Business Class)
- Economy Class : Y(Economy Class Normal), K(Economy Class Excursion), M(Economy Class Promotional), G(Economy Class Group) 등

■ 연락 가능한 승객의 연락처

스케줄 변동 통지 시에 필요한 전화번호 등

2) 승객의 요구사항

■ 선호 좌석

창가, 통로, 유아용 Bassinet Seat, Bulkhead Seat, Upper Deck 좌석 등 항공사에 따라 운영방법이 다소 차이는 있으나, 보통석의 경우 2일 전까지 선호하는 좌석을 요구할 수 있다. 일부 항공사에서는 국제선 장거리 구간에 항공예약이 확약된 승객을 대상으로 기내 좌석번호를 예약 시에 미리 지정해 주는 사전 좌석예약제도(ASP : Advance Seating Product)를 실시하고 있다.

■ 특별 음식(Special Meals)

예약 시 개인의 기호, 종교, 연령 등에 관련된 이유로 일반적인 기내식을 먹을 수 없는 승객의 경우 특별 음식을 요청할 수 있다.

■ 기타 특별 서비스

노약자, 장애자의 Wheelchair 서비스 등 제한승객 운송서비스 및 유아 등의 특별한 서비스가 필요한 승객의 경우 공항안내를 요청하거나 도착통지의 특별 서비스를 신청할 수 있다. 이러한 특별 서비스는 항공사의 도움을 필요로 하는 승객을 위해 승객의 공항출발 시점부터 경유지 및 도착지 공항에서의 예약, 발권, 운송 및 객실 전 분야에 걸쳐 제공되는 토털 서비스(Total Service)를 의미한다.

- KE(대한항공) : 한가족서비스(Family Care Service)
- OZ(아시아나항공) : 한사랑서비스

3. CRS와 예약기록 보존

일반적으로 해당 항공 편 출발 1년 전부터 예약접수를 시작하며 승객의 예약 내용은 각 항공사별 예약전산시스템(CRS : Computerized Reservation System)에 의하여 기록·보존된다.

전산예약 제도란 항공사가 사용하는 예약전산시스템이다. 급증하는 항공 수요에 대처하며, 항공운송업계의 경쟁력을 높이고 효율적인 예약업무의 수행, 생산성의 제고 등을 목적으로 컴퓨터를 이용하여 항공예약 업무를 전산화하여 수행하는 제도를 말한다.

CRS는 항공사의 주컴퓨터에 연결된 CRT(Cathode Ray Tube : 전산단말기)를 통해 항공 편의 예약, 발권, 운송은 물론 항공운임 및 기타 여행에 관한 종합적인 서비스를 제공하는 시스템이다. 이전에 일일이 수작업으로 이루어지던 복잡한 예약, 발권 업무를 CRS가 대체하면서 여행사 직원들은 보다 편리하고 정확하게 업무를 수행할 수 있게 되었으며, CRS는 여행사, 항공사, 고객을 연결하는 정보유통 수단으로서 그 중요성을 더해가고 있다.

최초의 CRS는 항공사 내부 생산성 향상의 개념으로 시작되었다. 1950년대 지속적인 항공수요의 증가에 따라 전산화의 필요성을 느낀 아메리칸 항공(American Air)이 사내 예약업무 전산화를 위해 1964년 항공사 최초의 CRS인 SABRE(Semi Automated Business Research Environment : 세이버)를 개발한 이래 항공사들의 전산화가 지속적으로 이루어지게 되었다.

그 후 1975년 SABRE의 성공에 자극받아 유나이티드항공(United Airline)의 APOLLO를 시작으로 SYSTEM ONE, Worldspan 등 세계 주요 항공사가 각자의 컴퓨터예약시스템을 개발 운용하게 되자 주요 CRS들이 잇달아 개발되면서 본격적인 CRS 경쟁체제에 돌입하게 되었다. 이 제도는 단순한 항공 좌석의 예약기록 수록·관리는 물론 항공권의 자동 운임계산 및 발권, 출입국 규정 안내, 각종 여행정보 확대 제공 및 관광관련 산업과 연계하여 고객의 다양한 요구에 부응하는 광범위한 종합여행 서비스를 제공하는 부대서비스 기능의 시스템으로 각 항공사마다 고유의 명칭이 있다.

- KE : TOPAS(Total Passenger Service System)
- OZ : ABACUS(아시아·태평양 지역의 항공사가 연합하여 설립한 전산 예약시스템)

예약기록 PNR

CRS를 이용한 항공예약은 PNR을 중심으로 모든 예약서비스가 이루어지도록 되어 있다. 예약기록을 여객단위로 기억 정리하고 보관하는 방식이다.

1. PNR의 뜻 : Passenger Name Record의 줄임말로 예약기록을 정해진 형식에 따라 예약전산시스템에 기록해 놓은 것을 나타내는 용어이다.
2. PNR의 구성요소 : PNR은 성명, 여정, 전화번호 등 여러 부분들로 이루어져 있다. 이러한 각 부분을 Field라 부르는데, 각각의 Field에는 숫자 또는 부호가 기본 Key로 지정되어 있으므로 모든 내용을 정해진 형식에 따라 작성해야 한다.

GDS(Global Distribution System)

전 세계 대부분 항공사의 예약, 발권업무와 호텔, 렌터카, 크루즈, 여행정보 등 부대서비스를 제공하는 대형 CRS로서 GALILEO, AMADEUS, SABRE, WORLD SPAN 등이 유명하다. 대한항공 등 국내항공사도 TOPAS 등 자사의 CRS에 연결하여 사용하고 있다. 대한항공은 1999년 TOPAS와 AMADEUS를 연결하였다.

4. 예약관리

항공사 좌석은 항공 편의 출발과 동시에 소멸해 버리는 상품이다. 이러한 특성으로 인해 항공사 수입에 큰 영향을 미치게 되므로 항공사에서는 좌석의 탑승률(L/F : Load Factor, 전체 공급석에 대한 탑승객의 비율)을 제고하기 위해 다음과 같은 조치들을 취하고 있다.

1) 확인(Firming)

항공 편의 출발일자가 임박해지면 항공사가 이미 확보된 좌석의 사용 유무를 승객에게 확인하는 절차로서 보통 비행 편 출발 일주일 전에 실시한다.

2) 초과예약(Over Booking)

일반적으로 항공사의 좌석예약은 출발일을 기준으로 하여 약 1년 전부터 가능하기 때문에 사전에 예약을 할 수 있지만, 승객의 예약취소 또는 변경으로 인해 예약상황이 수시로 바뀌기 때문에 항공기의 공급좌석을 초과하여 예약을 접수해야 한다.

초과예약은 한정된 공급좌석을 적절히 운용하여 탑승률을 높이고 예약 서비스를 증대하기 위하여 공급좌석, 즉 판매가능 좌석을 초과하여 예약을 접수하는 것을 의미한다. 적절한 초과예약은 항공사 측면에서 승객의 예약 취소 및 No-Show 발생으로 인한 좌석이용률 저하를 방지하고, 승객 측면에서는 많은 승객에게 좌석 예약을 가능케 하므로 양측 모두의 이익을 보호하게 된다. 항공사 측은 시기적으로 변동이 심한 많은 통계자료와 경험을 바탕으로 탄력적 판매를 해야 한다.

초과예약은 실제 탑승수속시점에서 탑승가능 좌석 수보다 더 많은 승객이 공항에서 확약된 항공권을 가지고 탑승수속을 하는 초과판매(Over Sale)와는 의미가 다르다.

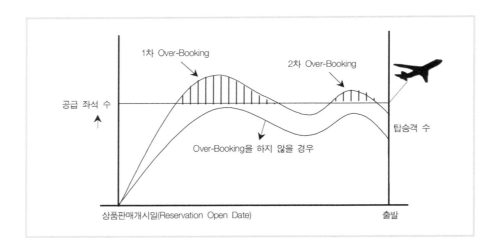

■ 초과예약의 실패에 대한 보상제도

초과예약은 해당 비행 편의 과거 예약 추세, 구간의 특성, 계절별 요인 등을 감안하여 실시하나, 경우에 따라 예상을 벗어나 초과판매가 발생될 수 있다. 사후 해결방법은 다음과 같다.

- 예약승객의 여정 변경으로 인한 자연감소 발생
- 기종 변경, Mono class 운영
- 상위 클래스로의 Involuntary Upgrade(항공사 측 사유로 인해 승객이 소지한 항공권의 탑승클래스가 아닌 차상급 클래스로 좌석배정을 해주는 경우)
- 사전 Endorsement
- 해당 비행 편과 도착시간이 유사하여 승객의 차후 계획에 차질이 없는 타 비행기 편 등 대체편을 우선적으로 제공(대체편에 탑승을 거부할 때에는 예상되는 수의 승객들에게 보상액을 제시하여 지원자를 접수하고 보상액은 차후 내용에 따라 차등적으로 적용한다.)

탑승 거절에 대한 보상(DBC : Denied Boarding Compensation)

해당 항공 편 초과예약이나 항공사 귀책사유로 인한 항공 편 문제발생으로 적정 대체편이 여의치 않을 경우 탑승 거절된 예약확약 승객에 대한 보상제도이다. 적용대상은 초과예약으로 인해 Off-Load되어 예약 확약된 유효항공권 소지여객, ACL제한 및 항공기 교체로 발생된 Off-Load승객, No Record승객 등이다.

Passenger Irregularity의 원인

1. 초과예약(Over Booking)

2. 항공기 기종 변경
항공기 정비, 운항스케줄 조정, 예약수급 고려 등 항공사 측의 여러 가지 요인으로 인해 최초 계획된 기종에서 여타 기종으로 변경하여 운항하는 경우(기종별로 판매가능좌석이 대체로 상이하며 국제선의 경우 클래스별 판매가능 좌석 수의 차이가 발생하는 경우가 있다.)

3. ACL(Allowable Cabin Load, 허용탑재중량) 부족
해당일 운항 편의 기내 허용탑재량이 여러 가지 요인으로 인해 계획 대비 축소 운영되어야 하는 경우가 있다.

3) 항공권 사전구입제(Ticketing Time Limit)

항공사는 No Show 방지 및 좌석이용률 제고를 위해 승객에게 예약을 확약하면서 해당 항공 편의 출발 전 어느 시기까지 항공권을 구입하도록 하는 항공권 구입시한을 정한다.

4) No Show Charge

특히 우리나라의 경우 흔히 항공사마다 성수기에 예약이 이미 Overbooking되어 예약할 수 없으나, 당일 No Show가 발생하여 빈좌석이 많은 상태로 운항하는 경우를 볼 수 있다. 이런 이유로 No Show 승객에게 소정의 No Show charge를 적용하는 항공사도 있다.

예약 용어

- No Show
승객이 사전에 예약취소 없이 공항에 나타나지 않아 탑승하지 않는 것으로 여기서 Late Show-up, Off-Load는 제외된다.

- Go Show
승객이 사전에 예약 없이 공항에 나타나서 탑승하는 것을 의미한다. 좌석의 수요가 많은 성수기에는 Go Show로 No Show문제를 해결할 수 있는 경우도 있다.

- NRC(No Record Passenger)
좌석예약이 OK된 항공권을 소지하고 탑승을 위해 공항 Check-in Counter에 나왔으나 전혀 예약기록이 없는 경우, 그러나 통상 좌석예약이 OK된 항공권을 소지한 여객의 예약이 기록상 OK되어 있지 않은 상태를 전부 일컫는다.
일반적으로 NRC가 발생할 경우 서비스상의 문제를 고려하여 최우선으로 예약 처리한다.
NRC의 원인으로는 예약 미확인 상태의 OK 항공권 발급, 대리점 또는 발권직원과 예약 Staff 간의 착오, 항공권 기재사항 오기 등을 들 수 있다.

- Off-Load
예약이 확약된 항공권을 소지한 승객이 초과예약 등의 사유로 탑승이 거절되는 경우이다.

1. 발권의 정의

일반적으로 발권의 의미는 예약기록에 포함된 승객의 성명, 여정, 서비스 등급 등의 사항을 이용하여 승객에게 항공권을 발급하는 일로서 예약과 운송 사이에서 이뤄지는 항공권 및 운송 증표류의 발행과 그에 따른 제반 서비스 업무를 총칭한다.

2. 발권의 경로

1) 항공사

항공사의 매표소, 지점, 공항카운터 등에서 발권한다.

2) 인터넷

항공사 홈페이지에 접속하여 예약과 발권을 하며, 최근 인터넷을 통한 항공권 판매는 급격하게 증가하고 있다.

3) 여행사

항공사와 계약을 맺은 여행사는 항공권을 발권(판매)하고 항공사로부터 여러 가지 형태의 수수료를 받는다.

3. e-Ticket의 이해

1) e-Ticket의 개념

최근 전산시스템의 발달에 따라 항공권을 기존의 종이항공권 형태로 발급하지 않고, 항공사의 컴퓨터시스템에 항공권의 모든 세부사항을 저장하여 필요시(발권, 환불, 재발행 등) 이를 전산으로 자유롭게 조회하고 처리할 수 있는 전자발권 방법을 의미한다. 현재 거의 모든 항공사가 사용하고 있다.

2) 발권 Process의 변화

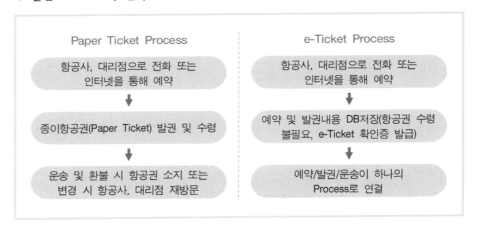

3) e-Ticket의 장점과 편리성

■ **고객편리성**

- 항공권 발권, 변경의 편리성(항공사, 대리점 방문 불필요)
- 항공권 분실 및 훼손 우려 제거
- 신속한 좌석배정과 탑승수속

■ **항공사의 기대효과**

- 항공권 구매 및 관리비용 절감
- 항공사 직판증대를 통한 유통비용(대리점 수수료) 절감
- 발권업무 자동화로 업무 간소화
- 인력의 효율성 증가

4) e-Ticket 확인증(Itinerary & Receipt)

e-Ticket 발권 시 구매고객에게 기존의 종이항공권 대신 제공되는 확인증으로 승객의 항공여행 정보와 항공권의 세부내역과 법적 고지문 등이 포함되어 있다.

4. e-Ticket 확인증 기재사항

1) 항공권 번호(Ticket Number)

항공권 발행 시 부여된 항공권의 고유번호가 기재된다.

각 항공사별로 고유한 번호를 부여받는다.

승객성명	Passenger Name	HONG/GILDONG KE BK9341****
예약번호	Booking Reference	467-9830
항공권번호	Ticket Number	1802573354766

2) 승객명(Name of Passenger)

성(Last Name)을 먼저 기재하고, 이름(First Name)을 나중에 기재하며 마지막에 호칭(Title)을 붙인다.

ex) Title : MR., MS., MRS., MISS, DR., PROF., SIR., LADY 등

3) 여정(Itinerary) 및 예약기록

승객이 여행하는 도시명이 기재되며 괄호 안에 공항코드가 기재된다.

① Flight : 예약된 비행 편명(KE129)
② Date/Time : 예약된 일자 및 출발/도착시간을 현지시각 기준으로 기재한다.
③ 경유지, Terminal Number

4) 예약상태 및 기타 정보

예상비행시간	Flight Time	11H 20M			
예약등급	Class	M (일반석)	항공권 유효기간	Not Valid Before	-
예약상태	Status	OK (확약)		Not Valid After	12JAN13
운임	Fare Basis	MEEKR	수하물	Baggage	1PC
기종	Aircraft Type	Boeing 747-400			

① 예약등급(Class) : 지불된 운임수준에 따른 예약등급(Booking Class)이 기재된다.

② 예약상태(Status) : 현재 e-Ticket의 예약상태를 기재한다.

- OK : 예약이 확약된 경우
- RQ : 대기자명단에 있거나 예약신청 후 미확정 상태
- NS : 좌석을 점유하지 않는 유아승객(No Seat)
- SA : 사전예약은 불가하고, 잔여좌석이 있는 경우 탑승가능

③ 운임(Fare Basis) : 고객이 구매한 항공권의 운임종류를 기재한다.

④ 유효기간 : 항공권의 정확한 유효기간에 대해 일자로 표시한다.

- Not Valid Before : 최소체류의무기간(Minimum Stay) 기재
- Not Valid After : 최대체류허용기간(Maximum Stay) 기재

⑤ 수하물(Free Baggage Allowance)

예약된 항공 편 이용 시 적용되는 무료수하물 허용량을 표시한다.

- Piece System 적용(개수제) : 1PC(1개)
- Weight System 적용(중량제) : 20K(20kg)

5) 항공권 운임정보(Ticket/Fare Information)

항공권 운임정보 Ticket/Fare Information

Restriction	NON ENDS O/B RSVN CHNG NOT PERMITTED REFUND PENALTY APPLICABLE
Conj.Ticket No.	
Fare Calculation	M*SEL KE SYD Q104.00 879.14KE SEL Q104.00 879.14 NUC1966.28EN D ROE922.320000
Fare Amount	KRW 1813600
Equiv. Fare Paid	
TAX	KRW 1800YQ 28000BP 38000VVY 31900AU
Total Amount	KRW 1913300
Form of Payment	7SDQIAZZ. CASH. AGT
e-Ticket Issue Date/Place	26JAN08 / (주)비티앤아이여행사투악지점 / 17310985 / 02-2022-8633 / 투어익스 34

① Restriction : 해당 항공권의 주의사항이나 제한사항이 기재된다.

- KE NON-ENDS : 대한항공 구간을 타 항공사로 양도 불가
- RSVN CHNG NOT PERMITTED : 예약변경이 불가한 항공권
- NON RRT/NON RFND : 여정변경 및 환불이 불가한 항공권

② Fare Amount

승객의 여정에 대한 최초 여행 출발국가의 통화로 된 공시운임이 통화 코드 (KRW)와 함께 기재된다.

e-Ticket 확인증상에는 공시운임과 실제 지불금액이 동시에 기재되며 e-Mail 수령 시 영수증으로도 확인 가능하다.

③ Tax : 승객의 여정에 발생되는 각국의 Tax 금액을 실제 지불통화로 기재하며 Tax Code와 같이 기재된다.

예) 28,000BP : 한국의 관광진흥개발기금과 공항세

④ Total Amount : Fare와 Tax 합계금액이 기재된다.

⑤ Form of Payment : 운임의 지불수단 및 승인번호가 기재된다.

(Cash, Credit Card 등)

⑥ Ticket Issue Date/Place : e-Ticket 발행일, 월, 연도가 기재되며, 발행장소는 항공사 또는 여행사 이름과 고유의 IATA번호가 기재된다.

6) 항공권 제한사항 안내

구입한 항공권의 유효기간과 변경이나 환불 등 제한조건이 승객에게 안내된다.

7) e-Ticket 확인증 e-Mail 양식

법적 고지문 및 e-Ticket, 지불영수증을 인쇄할 수 있도록 구성되어 있으며, 그 외에 기본적인 여행정보를 참고할 수 있도록 구성되어 있다.

5. 발권 시 고려사항

1) 적용운임 및 통화

모든 항공운임은 운임산출 규정이 정하는 바에 따라 여행의 최초 국제선 출발국 통화로 계산되며, 한국 출발 여정의 경우에는 KRW(원화)를 출발지국 통화로 사용한다. 또한 항공권 판매 시 적용운임은 발권일 당시의 유효운임이 아닌 최초 국제선 여행 개시일에 유효한 운임을 적용하여 계산한다.

2) Cabin Class와 Booking Class

■ Cabin Class

실제 항공 편에 설치 운영되는 등급으로 First Class, Business Class, Economy Class가 있다.

■ Booking Class

판매·예약 시 수요 특성별로 구분한 것으로 판매등급(Selling Class)이라고도 한다.

○ Booking Class Table(KE)

Cabin Class	Fare Type	Fare Basis	Traffic Pattern	Booking Class
F	First Class	Premium(Kosmo Suites)	전 지역 출발	R
		Premium(Kosmo Sleeper/Sleeper)		P
		Revenue Normal		F
		Non Revenue, Frequent Flyer Mileage Ticket, Mileage Upgrade		A
C	Business Class	Premium(Prestige Sleeper)	전 지역 출발	J
		Revenue Normal		C
		Promotional Fare	전 지역 출발(3/4 수요)	Z
			해외발 해외행 (5/6 수요용)	O
		Frequent Flyer Mileage Upgrade	전 지역 출발	I
		Non Revenue, Frequent Flyer Mileage Ticket		D
Y	Fare	All Normal Fare	전 지역 출발 (3/4/5/6 수요) 일본발(4 수요)	Y
		IATA PEX		
	Special Fare	Excursion Fare & Discounted Fare	한국출발	K/M
		Excursion Fare & Discounted Fare	해외발 한국행(4 수요)	H/K
			해외발 해외행(5/6 수요)	T/S/Q
		Promotional fare	해외발 해외행(5/6 수요)	V
			해외발 한국행(4 수요)	L
			한국발	E/B
		AIRTEL	한국발	B
		No Mileage Promotion	전 지역 출발	N
	Non-Revenue	Frequent Flyer Award, ID, AD etc		U
	Group	GV and Other Group Fare	전 지역 출발(3/4 수요)	X/G
			해외발 해외행(5/6 수요)	V

3) 승객의 신분에 따른 운임적용

■ 유아운임(IN)

- 적용대상 : 만 14일~만 2세 미만의 좌석을 점유하지 않는 승객
- 운임수준 : 적용 가능한 성인운임의 10%

■ 소아운임(CH)

- 적용대상 : 성인보호자 동반한 만 2세 이상~만 12세 미만 승객
- 운임수준 : 적용 가능한 성인운임의 75%

■ 비동반 소아운임(UM)

- 적용대상 : 성인보호자 없이 혼자 여행하는 소아로서, 최초여행일 기준 만 5세 이상~만 12세 미만인 승객
- 운임수준 : 적용 가능한 성인운임의 100%

■ 학생운임(SD)

- 적용대상 : 정규교육기관의 6개월 이상 교육과정에 등록된 만 12세 이상~26세 미만의 학생(학업시작 6개월 전부터 학업종료 후 3개월까지)
- 운임수준 : 일반석 성인 정상운임의 75%

■ 항공사 직원 할인운임(ID)

- 적용대상 : 항공사 및 관련업체 근무직원 및 가족
- 운임수준 : 이용구간에 따라 정해진 운임 적용

■ 대리점 직원 할인운임(AD)

- 적용대상 : 항공사와 대리점계약을 체결한 대리점 직원 및 배우자
- 운임수준 : 적용 가능한 운임에서 최대 75%까지 할인

4) 항공권의 유효기간

■ 정상운임
- 유효기간 1년
- 별도 최소체류기간 의무 없음
- 예약, 여정, 항공사 변경 등에 원칙적 제한 없음

■ 판촉운임
- 운임종류별로 상이
- 별도 최소 체류의무기간이 있는 경우도 있음
- 운임종류에 따라 예약, 여정, 항공사 변경 등에 제한 있음

5) 항공운임 종류 선택

승객의 나이와 신분을 고려한 운임과 일반판촉운임을 비교하여 저렴한 운임을 적용한다. 그러나 모든 규정이 충족되더라도 해당 Booking Class 좌석이 없으면 적용 불가하다.

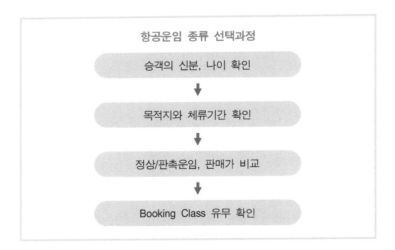

6) 여정의 순서

여정은 반드시 항공권 발권 시 정해진 순서대로 하여야 하며, Check-in 시 e-Ticket의 경우는 e-Ticket 확인증(ITR)을, Paper Ticket의 경우는 잔여구간의 Flight Coupon과 Passenger Receipt를 같이 제시하여야 한다.

7) 항공권의 양도

어떠한 경우에도 한 번 발행된 항공권은 타인에게 양도가 불가하며 항공권에 대한 모든 권한은 승객성명 란에 명시된 승객에게만 주어진다.

6. 항공운임의 계산법

항공권 운임은 동일 도시 간이라도 하나의 운임만 설정되는 것이 아니라 승객의 출발일, 여행형태, 여행기간, 여행목적, 여행조건 등을 고려하여 여러 가지 종류의 상이한 운임을 설정하게 되고, 최초 출발지국에 따라 운임이 달라지게 된다. 즉 항공운임은 승객의 여행기간, 여행조건에 따라 적용운임을 선택한 후 승객의 여정에 대해 운임을 계산하게 된다.

이때 이용되는 계산방식은 다구간 여정이라는 항공여행의 특성을 감안해 구간별 운임을 합산하는 방식이 아니라 여러 구간을 하나의 단위로 묶어 계산하는 방식을 취하게 된다. 항공운임 계산에는 기본적으로 승객이 여행한 거리에 따라 운임을 계산하는 거리제도(Mileage System)와 항공사에서 미리 운임과 함께 경유 도시 및 이용 항공사를 공시하고 승객의 여정이 동일할 경우 해당 운임을 적용하는 방법의 경로제도(Routing System)가 있다.

거리제도의 기본내용은 다음과 같다.

우선 Air Tariff에 나타난 최대 허용거리(MPM : Maximum Permitted Mileage), 발권구간거리(TPM : Ticketed Point Mileage), 초과거리 할증(EMS : Excess Mileage Surcharge) 등 거리제도의 3대 요소를 이용하여 계산한다.

- 여행기간, 여행조건 등을 감안 적용운임을 선택한다.
- 출발지에서 목적지까지의 운임과 MPM을 확인한다.
- 각 구간별 거리(TPM)를 합산한다.
- MPM과 Total TPM을 비교한다.
- MPM이 Total TPM보다 같거나 큰 경우 출발지, 목적지 운임을 그대로 적용하나 Total TPM이 큰 경우 그 초과비율에 따라 출발지, 목적지 운임을 단계별로 할증한다.

7. 항공사 간 정산업무(Interline Proration)

승객이 항공권에 명시된 여정대로 여행을 종료한 후 전체 여행일정에 대한 요금을 운송에 참가한 항공사 간의 정산업무를 통해 자사가 운송한 구간에 관한 몫을 비율로 배분하는 업무이다.

8. 기타 발권업무

1) 환불업무(Refund)

항공권 전부 혹은 일부를 사용하지 않았을 경우나 항공권에 표시된 서비스를 제공받지 못했을 경우 그에 상응하는 환불서비스를 받을 수 있으며 최초 발행 항공사에 신청 가능하다.

- **환불금 수취인**
  - 환불금은 항공권의 명의인 또는 그 지정인에게만 지급하는 것이 원칙이다.
  - 단, Credit Card로 지불된 경우는 해당 구좌로, GTR 항공권은 해당기관에, PTA 항공권은 Prepayer에게 환불한다.

■ 환불금 지급통화

• 환불이 접수된 지역의 통화로 지불하는 것이 원칙이다. 예를 들면 미 달러화로 지불된 미국 출발 항공권을 한국에서 환불 접수 시 원화로 환불금이 지급된다.

2) 선불제 운영(Prepaid Ticket Advice : PTA)

타 지역에 거주하는 여행자에게 항공권을 구입하여 항공사를 통해 송부, 발급해 주고자 하는 고객을 위한 업무이다. PTA 취급대상은 항공운임 및 관련 서비스에 대한 경비에만 이용되며 송금수단으로 이용이 불가능하다.

유효기간은 MCO 발행일로부터 1년이며 환불은 의뢰인에게만 가능하다.

타 항공사와도 PTA 업무가 가능하며 여정변경, Endorsement 등은 PTA 의뢰인의 사전 승인이 필요하다.

운송서비스(출입국절차)

1. 출국절차

공항의 출입국절차는 승객과 수하물의 출입국 적법성 여부에 대한 정부기관의 심사, 규제 등이 이루어지므로 중요하다. 즉 승객의 여행서류와 수하물의 내용품에 대한 통관허용 여부 및 국가에 따라서는 까다로운 검역절차 등은 여행 전 반드시 확인해야 하는 사항들이다.

1) 탑승수속(Check-in)

승객의 항공권, 여행 구비서류에 대한 확인절차와 수하물의 위탁수속절차를 통칭하여 탑승수속이라고 한다.

항공사 카운터에서의 탑승수속 과정을 살펴보면 다음과 같다.

(1) 여행구비서류 확인

여행승객의 유효한 여권(여권의 종류 및 유효기간 확인), 사증 소지 여부 및 유효기간, 국내 체류 허용기간 초과 여부 등을 확인한다.

■ 여권(Passport)

여권이란 국가가 발행하는 국적증명서이며 외국에 대해서는 본국의 신분증명서인 동시에 국외로 출국이 가능함을 인정하는 출국증명서이다.

우리나라의 경우 외교부에서 발급하며 사용자에 따라 일반인들이 사용하는 일반여권, 공무원들이 사용하는 관용여권, 외교관들이 사용하는 외교관여권으로 구분하여 발급하고 있고, 출국하는 무국적자 및 국외에 거주하고 있는 사람으로서 일시 귀국한 후 여권을 잃어버리거나 유효기간이 만료된 자 등에서 발급하는 여행증명서는 여권에 갈음하는 증명서이다.

사용횟수에 따라 유효기간 내 1회만 사용 가능한 단수여권과 여권의 유효기간이 10년이며 유효기간 내 수차례 사용 가능한 복수여권으로 구분된다.

■ 사증(Visa)

사증이란 방문 혹은 여행하고자 하는 나라로부터 입국허가를 받았다고 증명하는 입국허가증인 공문서로서 일반적으로 상대국 대사관이나 영사관 등 공관에서 소정의 서류를 구비하여 발급받게 된다.

입국허용 횟수에 따라 단수비자, 복수비자가 있으며 입국목적에 따라 단기비자(방문, 관광, 상용), 통과비자, 체류비자(학생, 주재 등)가 있다. 국가 간에 상호사증면제협정(Visa Waiver Program)이 체결된 국가는 협정의 내용(주로 단기 방문)에 따라 비자 취득 없이 방문할 수 있다.

> • VWP(Visa Waiver Program)
> 관광, 상용 목적으로 90일 이내 미국을 방문하려는 여행자가 비자 없이 미국에 입국할 수 있게 하는 미국 비자면제 프로그램 제도로서 해당 여행자는 미국 비자면제 프로그램 가입국 국민이어야 한다.
>
> • APIS(Advanced Passenger Information System)
> 사전 입국심사를 말하는 것으로, 미국/캐나다/뉴질랜드로 여행하는 모든 승객의 Passport Data를 PNR에 입력하면 해당 항공사에서 관계 당국에 관련 자료를 사전 통보하여 해당 국가 도착 시 해당편의 모든 승객이 보다 신속하게 입국심사를 받을 수 있도록 하는 제도이다.
>
> • ETAS(Electronic Travel Authority System)
> 호주의 전산비자발급시스템으로 CRS 및 항공사시스템을 이용하여 호주비자를 신청하면 그 즉시 호주 이민국으로부터 단순관광비자나 단기 상용비자를 발급받을 수 있다. 이 시스템에 의해 비자신청서가 필요 없으며 신청인의 여권 또는 정확한 여권 내용만으로 주한 호주대사관을 경유하지 않고 여행사나 항공사에서 바로 비자를 발급받을 수 있다. 또한 탑승수속 시의 비자 확인, 호주 도착 시의 입국심사를 신속하고 간편하게 처리할 수 있다.

■ TWOV(Transit without Visa)

통과 목적으로 여행하는 경우 사전에 해당 국가의 통과비자를 받아야 하나 TWOV 규정을 준수할 경우 통과비자 없이 여행할 수 있다. 즉 여행객이 입국을 원하는 국가의 정식사증을 받지 않은 경우 다음과 같은 일정한 조건에 부합하면 일정 기간 단기 체류할 수 있도록 입국을 허용해 주는 제도이다.

- 제3국으로 계속 여행한다는 것을 나타내는 유효한 여행서류
- 연결편에 대한 확약된 항공권 소지
- 입국목적이 단순한 통과 또는 관광에 한정
- 일반적으로 외교관계가 수립되어 있는 국가

TWOV로 입국하는 여객은 행동범위에 제한을 받으며 항공권 및 제반 여행서류는 항공사의 책임하에 보관된다. 미국 입국사열 전에 I-94T Form을 작성하여 미국 이민국에 제출하며 연결편 탑승절차 역시 항공사 책임 하에 이루어진다.

■ 예방접종증명서

최근에는 법정전염병 선포지구 등을 여행하는 등 특별한 경우를 제외하고는 검역절차가 생략되고 있으나, 아프리카 및 남미 등으로 여행하는 경우 사전 지정장소 (국립검역소, 보건소 등 보건복지부 지정기관)에서 콜레라, 황열병, 말라리아 등 예방접종을 해야 한다.

■ 출입국신고서(E/D Card : Embarkation & Disembarkation Card)

국제선으로 여행하는 승객은 각 국가의 출입국 관리규정에 따라서 출입국신고서를 개개인이 작성해서 제출해야 하므로 작성 여부를 확인한다.

> 한국은 2006년 8월부터 내외국인 대상 출입국신고서를 모두 폐지 운영하고 있다. 다만 출입국관리사무소에 외국인 등록을 하지 않은 외국인에 대해서는 입국신고서 제출제도를 유지하기로 했다.

■ 세관신고서

각국이 정하고 있는「관세법」규정에 따라 해외여행자는 미리 작성하여 세관의 담당자에게 제출하여야 하며, 국가별로 다소 차이는 있으나 일반적으로 가족 당 1부를 작성한다.

■ 병무신고 여부

병무신고 대상자의 병무신고 여부를 확인한다. 현재 대한민국 국민으로서 만 18세 이상에서 만 35세에 해당되는 내국인 남자의 경우 출·귀국 시 해당관청에 병무신고를 하게 되어 있다. 이는 여권, 국외여행신고서, 출입국 신고카드를 제출하고 확인받는 절차로서 탑승수속 전에 출발지 공항 병무청 공항사무소에서 실시한다(귀국신고는 국외여행허가자의 경우만 해당된다).

(2) 항공권(e-Ticket 확인증) 접수 및 확인

항공권의 접수 시 항공사 직원은 여권 성명과의 일치 여부, 항공권의 출발일자, 유효기간, 제한사항, Fare Type을 확인한다.

(3) 좌석 배정

승객의 여행서류 및 항공권을 접수한 후에 예약을 확인하고 좌석을 배정하게 되는데, 가능한 개인별·단체별로 승객의 선호도를 최대한 반영하여 또는 항공기의 탑재관리를 고려하는 일정 원칙에 따라 좌석을 배정한 후에 탑승권을 교부한다. 이때 각 항공사별로 보너스 마일리지 카드를 소지한 승객에게 보너스 마일리지를 입력시킨다.

상용고객우대제도(Mileage System)

각 항공사별로 고유의 명칭으로 승객의 탑승 실적에 따라 마일리지를 누적하여 누적된 실적에 따라 무료항공권, 좌석승급보너스 및 호텔, 렌터카 등 제휴업체 이용 시 가격할인 및 실적 적립 등의 혜택을 제공하는 회원을 모집·관리하고 있다.

- KE : SKYPASS(Morning Calm, Morning Calm Premium, Million Miler Club)
- OZ : Asiana Bonus Club

(4) 탑승권(Boarding Pass) 발급

항공사에 따라 차이가 있으나 클래스별로 탑승 시 편의 도모를 위해 탑승권의 색이 다르다. 또한 탑승권에는 좌석번호와 탑승출구(Boarding Gate), 탑승시각 (Boarding Time) 등이 기입되어 있다.

(5) 수하물 접수

수하물(Baggage)은 승객이 자신의 여행과 관련하여 필요한 물품, 용품 및 기타 휴대품을 의미하며, 여행 시 항공사에 탁송을 의뢰하거나 휴대하는 소지품 및 물품 을 말한다. 승객은 여객의 수송에 필요한 좌석점유권과 더불어 무료수하물 탁송의 권리를 갖는다. 따라서 여객운송부문에서의 수하물업무는 여객의 좌석과 더불어 많은 비중을 차지한다.

- 탑승수속 이후 항공사 직원은 승객의 수하물에 성명과 연락처 및 해당 목적지가 영문으로 표기된 수하물표를 부착한 뒤, 수하물 포장상태를 확인한다.
- 운송제한품목 및 세관반출신고 필요물품 소지를 확인한다.
- 승객의 위탁수하물을 인수하여 계량을 통해 수하물의 허용범위에 대한 초과 여부를 확인한 후, 초과수하물에 대한 초과요금을 별도로 징수하게 된다.
- 수하물표(Baggage Claim Tag)를 별도 교부하고 수하물의 보안검색(무기류, 위험품 목에 대한 X-Ray 투시 및 개봉 검사)을 안내한다.
- 승객의 위탁수하물은 컨베이어를 통해 보안검색이 이루어지며, 이 과정 중에 수하물에 이상이 있을 경우 해당 수하물 소유승객에게 수하물에 대한 개봉검 사를 요청할 수 있으므로 보안검색이 진행되는 동안 승객은 수속카운터 앞에 잠시 대기를 요청받게 된다.

국가별로 공항시설 이용료 징수 여부가 다르다. 우리나라의 경우 출국납부금 및 국제여객 공항이용료를 항공권에 포함하여 징수하며, 다음에 해당하는 경우 면제된다(면제자는 항공권 발권 시 면제되어 발권되며, 항공권에 포함 시 환불처에서 환불된다).

- 외교관여권 소지자
- 2세 미만의 유아
- 외국 군인, 군무원
- 당일 통과여객

라운지 이용안내

대부분의 항공사는 First Class, Business Class 및 항공사 회원 승객을 위한 별도의 라운지를 운영하고 있다. 라운지에는 휴식을 취할 수 있는 시설, 간단한 식사와 음료 등을 준비하고 있으며 그 밖에 편의시설 등을 갖추고 있다.

2) 출국장 입장 및 기내 탑승

(1) 출국장 입구

출국수속을 위해 출국장 입구로 들어가는 여행객들의 여권 및 항공권을 확인한다.

(2) 세관신고(Customs)

내국인의 경우 해외여행 시 휴대하고 입국 시 재반입되는 고가품, 귀중품에 대하여 세관의 카운터에서 휴대물품반출신고서(고가품 휴대 출국 시 상기신고를 통하여 입국 시 해당 물품에 대한 면세 혜택)를 작성, 신고안내데스크에서 신고하고 받아두어야 하며 입국 시에는 세관 당국에 재반입에 관한 확인을 받아야 면제된다. 외국인의 경우는 입국 시 세관 당국에 서면으로 신고한 물품에 대하여 그 반출에 관한 확인을 위하여 현품을 제시할 필요가 있다.

(3) 보안검색

출국심사구역 내에서 첫 번째로 실시하는 것으로 항공기의 안전한 운항을 위해 승객의 신체 및 휴대수하물을 검색하게 되며, 이때 무기류, 폭발성 물질, 위해물품,

위험물 등 기내 휴대 제한품목(SRI : Security Removed Items)의 접수 및 외화의 과다 소지 여부, 외화 밀반출의 검색도 함께 이루어진다.

(4) 법무부 출국사열심사(Immigration)

출국사열이란 출국심사대에서 출입국심사관이 출국자들을 대상으로 출국에 대한 신분확인 및 자격심사를 하는 것으로서 탑승권, 여권을 제출·확인하고 출국자격을 심사한 후 출국허가 스탬프를 날인하게 된다.

- 여권 및 사증 유효여부 검사
- 체류기간, 출국금지, 정지여부 확인 검사

근래에는 사전에 자동출입국 심사 등록을 하고 무인 심사대를 이용, 간편하게 출입국을 하는 여행객들이 증가하고 있으며, 만 19세 이상인 경우 사전등록 절차 없이 바로 이용이 가능하다.

(5) 검역(Quarantine)

출국심사 구역 내에서 마지막으로 행하는 절차로서 예방접종 카드의 소지유무에 대한 확인절차이며 최근에는 거의 생략하는 추세이다. 국립서울검역소에서는 전염병의 국내유입 예방 및 국외전파 방지를 위해 검역을 실시하며, 필요한 경우 출국 승객에 대하여 콜레라, 황열병 등 예방접종을 실시하고 있다.

(6) 대합실 대기 및 탑승 안내방송에 의한 기내 탑승 실시

출국사열이 끝난 승객은 면세구역인 출국라운지에서 대기하거나 면세점을 이용할 수 있으며, 탑승이 시작되면 탑승권과 여권을 제시하고 탑승한다. 항공사의 요청에 따라 항공기 출발 1시간 전부터 출국수속 안내방송을 하게 되며, 통상 항공기 출발 30분 전쯤부터 기내 탑승을 실시한다. Stretcher 승객, 노약자 및 유·소아 동반 승객 Handicapped 승객이 먼저 탑승한다.

■ **탑승 우선순위**

① Stretcher 승객 및 기타 운송제한 승객(UM, WCHR 승객 등)
② 도움이 필요하거나 유소아를 동반하는 승객(노약자 등)
③ VIP & CIP
④ 일등석 승객
⑤ 비즈니스석 승객
⑥ 일반석 승객(뒷좌석을 배정받은 승객부터 탑승)

• **출국라운지(Departure Lounge)**
출국을 위한 제반 CIQ 수속절차를 마친 승객이 대기하는 장소로서 각종 면세점과 식음료 편의시설이 있으며 보세구역에 해당한다.

• **면세품 보관소(Duty Free Deposit)**
출국 전 시내 면세점에서 구입한 면세품은 출국 시 해당 면세품 보관카운터에서 인수한다.

• **예치품, 유치품 인수**
승객이 입국 당시 예치·유치한 물품은 출국 시 반송품 인도장에서 보관료를 지불하고 인수한다.

스마트 공항과 원 아이디 시스템

최근 전 세계 공항은 항공 수요 급증과 승객 증가로 인해 스마트공항 도입을 서두르고 있으며, IATA(국제항공운송협회)는 탑승 수속 효율과 승객 편의를 높이는 것을 목적으로 '원 아이디(One ID) 프로젝트'를 추진하고 있다.

이는 여객의 생체정보와 여권, 탑승권 정보를 하나로 묶는 것을 기본 컨셉으로 하여 안면 인식 기술이 장착된 디지털카메라가 탑승객의 얼굴 사진을 찍어 여권·탑승권 정보와 일치하는지 확인하는 절차로, 신원 확인의 효율성과 보안성이 강화되며 항공기 탑승 절차에 걸리는 시간도 단축된다.

대한항공은 공항, 출입국 기관, 항공사가 각각 진행하던 신원 확인 절차를 승객의 생체 식별 정보를 토대로 하나로 통일해 여객 수속을 간소화하는 내용인 '원 아이디(One ID)'의 핵심 기술을 도입하여 2019년 싱가포르, 미국 일부 공항 등에서 안면 인식 탑승 서비스를 개시하였고 인천공항에도 도입할 계획에 있다.

IATA Fast Travel Program

IATA(국제항공운송협회) 패스트 트래블 프로그램은 승객들이 공항 대기시간을 줄여 더 빠르고 편리하게 하는 동시에 항공사들이 비용을 줄이고 정시운항에도 도움을 주기 위해 시행하고 있는 프로그램이다.

해당되는 항목으로 셀프 체크인, 셀프 예약변경, 자동 수하물 위탁, 자동 여행서류심사, 무인 자동탑승, 키오스크 등을 이용한 위탁수하물 클레임 등 6가지가 있으며 조건 충족에 따라 해당 항공사에 등급을 차등 부여한다.

셀프 체크인/백드랍(Self Check-in/Bag Drop)

승객이 탑승수속 카운터에 가지 않고 셀프체크인(웹/모바일/키오스크)을 이용하여 스스로 좌석을 배정하고 수하물을 탁송하며 탑승권과 수하물표를 발급하는 수속방법이다. 단, 비자 등 서류 확인이 필요한 경우에는 이용 제한이 있다.

(7) 출항허가

모든 항공사는 국제항공 편 출항 전 세관 승기실, 법무부 출입국사무소 등에 출항보고를 통하여 해당 항공 편에 대한 출항허가를 받아야 한다.

출항보고는 EDI(Electronic Data Interchange)시스템에 의한 전자문서 전송으로 이루어진다.

■ **출항보고 포함사항**

- 승무원과 승객인원 및 명단
- 수하물 개수와 중량
- 화물과 메일 중량
- 총기 유무와 개수

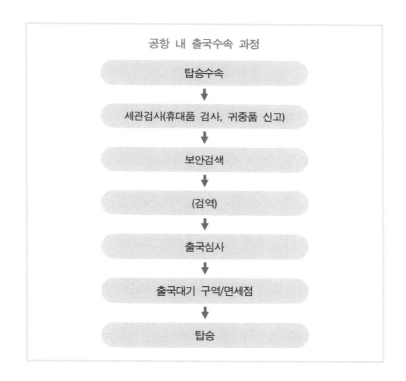

2. 입국절차

항공기 하기 후 입국장 연결통로를 따라 입국장에 들어서게 되며, 그 외 통과승객, 연결편 승객, Deportee(추방객) 등은 각 승객 취급절차에 따라 지상직원에 의해 조치된다.

- **하기 우선순위**
  ① 응급환자(긴급한 의학적 조치가 필요한 승객)
  ② VIP & CIP
  ③ 일등석 승객
  ④ 비즈니스석 승객
  ⑤ 비동반 소아(UM)
  ⑥ 일반석 승객
  ⑦ 운송제한 승객
  ⑧ Stretcher 승객

1) 검역사열 심사

항공기 착륙 후 입국 시 가장 먼저 검역절차를 거치게 되며 필요한 경우 예방접종증명서나 검역설문서를 제출해야 한다. 콜레라, 황열, 페스트 오염지역으로부터 입국하는 승객과 승무원은 해당편 기내에서 검역설문서를 배부, 작성해야 한다.

일반적으로 이상 고체온 승객을 식별할 수 있는 열 감지카메라를 통과함으로써 검역사열을 대체하고 있다. 또한 여행 중 건강에 이상이 있으면 입국 후 즉시 검역관과 상의하여 2주 내에 설사, 복통, 구토 등의 증세가 있으면 가까운 검역소나 보건소에 반드시 신고해야 한다.

- **식물검역**

식물류를 휴대하고 입국하는 승객은 농림축산식품부 국립식물검역소에서 신고하여 식물검역을 받아야 하며 수입지역에 따른 수입금지 식물을 반입하는 경우 즉시 반송 또는 폐기 처분된다. 검역기관에 의해 과실류, 채소류, 곡류, 육류, 종자류, 묘목, 목재류 등 반입이 금지된 품목에 대해 반송 혹은 폐기 처분을 한다. 수입이 가능한 식물이라도 병충해에 감염되지 않은 것이어야 한다.

- **동물검역**

승객이 휴대 반입한 개, 고양이, 조류, 동물의 폐사체, 가죽, 알(열처리로 가공된 통조림, 꿀 등은 제외) 등 반려동물, 축산물 등은 농림축산식품부 국립동물검역소에 신고하며 동물검역을 받는데 수출국 정부에서 발행한 동물검역증을 제출해야 한다. 검역신청서와 상대국 검역증명서 원본을 제출해야 한다.

2) 법무부 입국사열 심사

항공기가 목적지에 도착 후 입국한 모든 승객은 해당국의 규정에 따라 내국인과 외국인으로 구분된 법무부 사열대를 통해 입국심사관에게 여권과 입국신고서(해당국)를 제시한다. 이는 유효한 여권 여부 및 비자 소지 여부 등을 확인하고 출입국신고서를 확인·수거하며 또한 입국목적 및 체류기간, 입국제한자(Black List) 해당 여부 등을 확인하는 심사이다. 내국인의 경우 적절한 여권의 유효기간 내에 입국하는지 여부를 확인하게 되며 외국인의 경우는 입국에 필요한 정당한 Visa 또는 이에 상당하는 여행 구비서류를 제시함으로써 입국확인을 받게 된다.

3) 위탁수하물 회수

입국사열이 이루어지는 동안 화물실에 탑재되었던 위탁수하물은 컨베이어벨트를 통해 수하물을 찾는 곳으로 보내진다. 회전벨트 위의 안내판을 보고 항공 편을 확인하여 본인의 수하물을 찾아서 세관검사대로 간다. 기내휴대제한품목(칼, 가위, 건전지, 골프 클럽 등)을 승객에게 인계한다. 수하물의 사고(분실, 파손, 도난, 지연 등) 발생 시 신고를 접수하며 PIR(Property Irregularity Report)을 작성한다.

4) 세관검사

해당국 규정에 따라 세관신고서를 사전에 작성·제출해야 하며, 입국한 승객의 모든 위탁수하물 및 휴대수하물에 대하여는 세관원이 관세법규에 따라 검열을 하게 된다. 국가별로 면세범위가 있으며 이를 초과하는 경우에는 관세를 징수한다. 또한 고가품·귀중품을 반입하는 승객은 세관이 정한 입국 세관신고서에 그 세부 내용을 작성하여 신고해야 한다. 휴대품에 따라 면세검사대, 과세검사대에서 세관 검사를 받아야 한다.

■ 면세 : 녹색검사대

여행목적상 타당하다고 인정되는 신변용품 및 장식품, 반출 신고한 재반입 물품 등 면세범위에 해당하는 물품만을 휴대한 경우에 해당한다. 해당국에 따라 조금씩 상이하나 대한민국의 경우 주류 1,000cc 이내 1병, 담배 10갑, 향수 2온스, 해외 구입물품 총 구입가격 US $600 이하가 면세범위이다.

대한민국 면세범위

- 여행 중 필요한 일상 신변용품
- 출국 시 휴대반입 신고를 한 물품
- 휴대품의 해외 총 구입가격이 US$600까지
- 주류 1병(1리터 이하), 담배 1보루(200개비), 향수 2온스

■ 과세 : 적색검사대

해당국 세관규정에 의거, 휴대품에 신고 대상물품이 있는 경우이다.

- 외환신고
각국의 법령에서 규정한 대상은 꼭 신고해야 한다. 신고하지 않는 경우 압수 등을 당할 수 있다. 대한민국 입국 시 USD 10,000 이상의 외화 및 원화 소지 시 반드시 신고해야 한다.

- 예치 : 입국 여객이 입국 시에 휴대한 품목 중 통관할 의사가 없는 물품을 신고하여 일시 세관 보세창고에 보관하였다가 출국할 때 찾아가는 제도를 말한다.

- 유치 : 입국여객의 휴대품 중 반입제한물품으로서 통관금지나 과세대상 품목을 제반요건의 구비 또는 과세 통관 시까지 세관에서 일시 보관한 것을 의미한다.

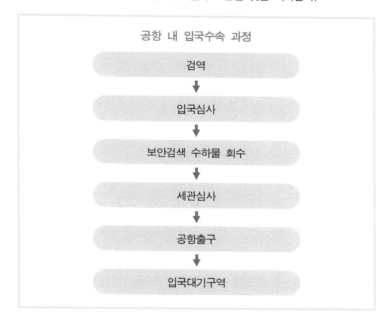

공항 내 입국수속 과정

검역

↓

입국심사

↓

보안검색 수하물 회수

↓

세관심사

↓

공항출구

↓

입국대기구역

1. 수하물의 종류

1) 위탁수하물(Checked Baggage)

항공사에 수하물로 등록한 것으로서 탑승수속 카운터에서 점검 및 계량하여 무료, 초과, 특수 수하물 등으로 분류하여 수하물표 부착, 세관 보안 검사 후 승객이 탑승하는 항공기의 화물실에 탑재되어 항공사의 관리책임하에 운송되는 수하물을 말한다. 즉 승객이 직접 들고 가지 않고 탁송시키는 수하물을 말한다.

- 화폐, 보석류, 유가증권류, 기타 고가품 등 파손 우려가 있는 물품, 부패성이 있는 물품, 기타 귀중한 서류 등은 위탁 수거 조항에 해당하지 않으며 이러한 물품의 운송 도중 발생한 파손, 분실 등에 대하여 항공사에 책임이 없다.
- 수하물 포장은 승객의 책임이며 포장상태가 불량하거나 불완전한 수하물은 재포장토록 안내한 후 접수한다.
- 수하물 사고 발생 시 분실방지를 위해 수하물 이름표(Name Tag/Name Label)를 반드시 부착해야 하며 승객 성명, 주소, 전화번호를 영문 대문자로 기재한다.

■ 무료 위탁수하물 허용량(Free Baggage Allowance)

모든 승객은 별도의 요금을 지불하지 않고 항공사 규정에 의거하여 일정량의 수하물을 위탁할 수 있는데, 노선 및 승객이 구입한 항공권의 종류(좌석 등급)에 따라 항공사에서 허용하는 무료 수하물 중량이 다르다.

○ 위탁수하물 허용량

지역	미주구간 (미국, 캐나다, 멕시코, 브라질 등)	미주 외 구간	국내선
일등석	수하물의 무게가 32kg/70lbs 이하이며, 최대 3변의 합이 158cm/62ins 이내의 짐 3개		-
프레스티지석	각 수하물의 무게가 32kg/70lbs 이하이며, 최대 3변의 합이 158cm/62ins 이내의 짐 2개		30kg
일반석	각 수하물의 무게가 23kg/50lbs 이하이며, 최대 3변의 합이 158cm/62ins 이내의 짐 2개 ※ 브라질 출도착 여정은 32kg/70lbs 이하의 짐 2개 적용	각 수하물의 무게가 23kg/50lbs 이하이며, 최대 3변의 합이 158cm/62ins 이내의 짐 1개	20kg
소아 (만 12세 미만)	성인과 동일 + 접는 유모차, 소아용 카시트 중 1개		성인과 동일
유아 (만 2세 미만)	접는 유모차, 운반용 요람, 유아용 카시트 중 1개 + 크기가 115cm/45ins 이하이면서 무게가 10kg/22lbs 이하인 가방 1개		접는 유모차, 운반용 요람, 유아용 카시트 중 1개

* 휴대 및 위탁할 수 있는 수하물 허용량은 항공사별로 여정과 좌석등급 등에 따라 상이함.
* 대한항공 인터넷 홈페이지 참조

■ **무료수하물 합산(Baggage Pooling)**

동일 항공 편, 동일 목적지 및 단체로 여행하는 2인 이상의 승객이 동시에 탑승수속할 때에는 각 개인의 무료 위탁수하물 허용량 합계를 단체승객 전원에 대한 허용량으로 간주하여 합산하는 경우이다.

■ **초과수하물 요금 징수**

허용량, 개수 또는 품목에서 초과되는 수하물에는 항공사 운송약관에 의거하여 추가 초과수하물에 해당하는 별도의 요금을 징수하게 되는데, Weight System 적용 시는 수하물의 초과무게 kg당 해당 구간의 일반석 성인 편도 정상요금의 1.5% 징수, Piece System 적용 시는 초과되는 수하물 개수당 구간에 따른 Unit Charge의 방식으로 계산하여 징수된다.

2) 휴대수하물(Hand-Carry Baggage)

위탁수하물로 탁송할 수 없는 귀중품, 고가품, Fragile Item 혹은 승객이 기내에서 휴대하며 사용할 목적으로 자신의 관리책임 하에 기내까지 직접 휴대하는 수하물을 말하며 통상 Carry-on Baggage, Unchecked Baggage라고 칭한다. 세관, 보안검사 후 기내 휴대가능 품목과 제한품목으로 분류되며, 휴대가능 품목은 승객이 직접 휴대하고 파손 및 분실 등에 대해 항공사는 책임지지 않는다. 휴대제한 품목은 지상직원에 의해 따로 분류되어 해당편 사무장에게 인계되어 기내 별도 안전상 제한품목으로 관리·보관되며 승객 도착지에서 다시 지상직원에게 인계, 최종적으로 승객에게 인수된다.

휴대수하물은 승객 좌석 밑이나 기내 선반(Overhead Bin)에 올려놓을 수 있는 물품이어야 하며, 이를 고려하여 기내 휴대가 가능한 크기인 3변의 합계가 115cm 이하인 수하물 1개로 제한되나, 좌석등급, 항공사에 따라 약간의 차이는 있다. 초과 휴대수하물의 경우 기내 반입이 불가능하며 출발 담당 운송직원에 의해 수하물의 화물실에 탑재조치된다.

○ 기내반입 휴대수하물 허용량

좌석등급	개수	총무게	크기(가로×세로×높이)
일등석(First Class) 프레스티지석(Prestige Class)	2개	18kg(40lbs)	55×40×20(cm) 3면의 합 115cm 이하
일반석(Economy Class)	1개	12kg(26lbs)	

3) 동반 수하물(Accompanied Baggage)

승객의 항공 편에 탑재, 같이 운송되는 수하물을 말한다.

4) 비동반 수하물(Unaccompanied Baggage)

승객과 동일한 항공 편에 탑재되지 않은 수하물을 말하며, 이러한 비동반 수하물 운송은 엄격히 금지된다.

5) 특수 수하물

■ 반려동물

개, 고양이 또는 새(애완용 조류) 등을 의미하며 접수 시 서약서 및 도착지 국가에서 요구하는 동물검역증명서를 제시하여야 한다. 반려동물은 무료수하물 허용량에 포함되지 않으며 항공사의 수하물 규정에 따라 초과 수하물 운임을 징수한다. 휴대수하물로 접수 시 예약할 때 'PET Cabin AUTH'를 받아야 하며 운송 시 반드시 PET Cage에 넣어 보관되어야 한다.

단, 장애인 보조견은 별도의 운송용기 보관이 필요 없으며 기내 동반할 수 있다.

■ 대형 악기류

바이올린과 같이 크기가 115cm 이하인 악기는 무료로 기내반입이 가능하나, 115cm를 초과하는 첼로, 더블베이스, 거문고 등과 같이 파손되기 쉬운 고가의 대형 악기에 대해서는 승객의 옆좌석 1석을 별도로 하여 좌석 배정에 따른 항공권을 구입해야 한다.

위탁수하물로 접수 시 악기포장의 안전도 및 악기상태 점검 및 항공사 면책동의 서명 등의 위탁수하물송부 관련 절차가 필요하다.

■ 고가품

항공사의 배상책임 한도액을 초과하는 고가품은 반드시 신고하고 초과요금을 지불하는 경우에만 분실 시 신고 액수만큼 배상받을 수 있다.

고가품 신고 제외 품목으로는 보석류, 화폐, 유가증권, 금, 은, 골동품, 미술품, 카메라 등이 있다. 신고하지 않은 물품의 분실 또는 파손 시 위탁수하물인 경우 kg당 미화 20달러, 휴대수하물인 경우 승객 1인당 미화 400달러를 항공사가 배상하도록 되어 있다.

2. 운송 제한품목(Security Restricted Item)

항공여행 특성상 운송에 제한이 되는 제한품목을 기내 반입하거나 수하물로 맡기는 것이 금지되어 있으며, 위반 시에는 「항공안전 및 보안에 관한 법률」에 의거 처벌될 수 있다.

1) 위탁수하물로 운송이 불가한 물품

Fragile Item, 부패성 물품, 현금, 수표, 보석류, 유가증권, 견본, 업무서류, 계약서 및 기타 귀중품은 위탁수하물로 접수 불가하며, 상기물품이 운송도중 파손 또는 분실되어도 항공사는 책임을 지지 않는다.

2) 위탁/휴대수하물로 운송이 불가한 물품

폭발성 물질, 인화성 액체, 액화·고체 가스, 인화성 고체, 산화성물질, 독극성, 전염성 물질 등은 위탁, 휴대수하물로 불가하다.

3) 기내 휴대 제한품목(Security Removed Items)

기내 보안 및 인명, 항공기 안전을 위해 위해할 가능성이 있는 끝이 뾰족한 무기(칼, 가위, 송곳), 둔기(골프채 등), 칼 등은 위탁은 가능하나 승객 휴대가 불가능한 물품으로서 항공사 보관하에 운송된다.

사무장은 출발지 지상직원으로부터 인계인수 내용을 확인 서명하고 보관 후 도착지 지상직원에게 기내 휴대 제한품과 함께 인계한다.

● 운송 제한품목

	구분	세부품목
1. 운송금지 품목 : 기내수하물 또는 위탁수하물 등 어떤 형태로도 항공운송이 불가	발화성, 가연성 물질	페인트, 라이터용 연료, 70도 이상의 알코올음료, 석유 버너/램프 등 캠핑장비 등
	고압가스	산소캔, 부탄가스, 프로판가스, 아세틸렌가스 등
	폭발성 물질	폭죽, 탄약, 발파 캡, 뇌관 및 도화선, 모든 형태의 불꽃, 군사용 폭발물 등
	각종 스프레이	살충제, 방향제, 에어로졸, 스프레이 파스, 최루가스, 후추, 스프레이, 소화기 등
	인화성 액체 연료	석유, 가솔린, 디젤, 알코올, 에탄올 등
	유독성 물질	산성 및 알칼리성 물질(예 : 습식 배터리), 부식성 또는 표백성 물질(예 : 수은, 염소), 전염성 혹은 생물학적 위험 물질(예 : 감염된 피, 박테리아 및 바이러스), 자연발화 및 자연점화 물질, 독극물류, 방사능 물질(예 : 의료용 또는 상업용 동위원소) 등
2. 기내 반입 금지 품목 : 위탁수하물 안에 넣어 부칠 수 있으나 기내로는 반입이 불가	끝이 뾰족한 무기 및 날카로운 물체	끝이 뾰족한 우산, 면도기, 눈썹 깎기, 가위, 손톱깎이, 수예바늘, 뜨개질 바늘, 화살, 다트, 포크, 송곳, 스키용 폴, 스위스 칼, 드릴, 톱류, 렌치/스패너, 해머, 주사바늘, 코르크마개 뽑이 등
	둔기	골프채, 낚싯대, 야구 방망이, 하키스틱, 스케이트 보드, 당구 큐대 등
	주방용 칼	과일칼, 식칼(길이에 따라 각국 세관 제한 가능)
3. 제한적으로 운송이 가능한 품목 : 제한된 규정에 따르면 운송이 가능한 품목	소량의 개인용 화장용품(헤어스프레이, 헤어무스, 파마약, 향수류 등)	개별 용기당 100ml 이하로 1인당 총 1L 용량의 비닐 지퍼백 1개
	라이터 또는 성냥	승객 본인이 직접 소지하여 1개 이하 (출발지 국가 규정에 따라 상이할 수 있으며, 중국 출발편의 경우 운송이 허용되지 않음)
	포장용 드라이아이스	1인당 2.5kg 이하
	석유 버너, 램프 등 캠핑장비	연료가 완전 제거된 상태
	가스고데기	1인당 1개, 안전 캡이 부착되어야 하며 여유분 연료는 운송 불가
	지팡이	의료용 보조 목적, 나이프 등 부착물이 없는 것
	건전지	MP3, 라디오 등에 삽입되어 있는 건전지 및 소량의 여유분 일반건전지
	수은체온계	1인당 1개 의료 목적으로 안전 케이스 안에 지입 포장

3. 수하물 Through Check-in

1) On Line Check-in

동일 항공사 내에서 운항하는 구간에 적용되는 방식으로 승객이 국내선으로 국내 각 지방공항에서 당일 국제선을 연결해서 탑승할 경우 공항의 국제선 Check-in Counter에서 해당 수하물을 Through Check-in하여 세관 및 보안검사 후 출국하는 것이 가능하나, 국제선에서 국내선으로의 연결 시는 불가능하다.

2) Interline Through Check-in

동일 항공사 및 타 항공사 간에 연결편 여정을 가진 승객이 중간 경유지에서 자신의 수하물을 찾아 다시 Check-in할 필요 없이 최초 출발지 공항에서 승객의 최종 목적지까지 수하물을 직접 탁송하여 승객이 최종 목적지에서 찾을 수 있도록 하는 것을 의미하며 이때 필요조건은 다음과 같다.

- 연결편에 대한 예약이 확약된 항공권을 소지한 경우
- 같은 날의 연결편인 경우
- 같은 공항일 경우
- MCT(Minimum Connecting Time) 준수 시

4. 수하물 사고처리

1) 처리절차

- 신속·정확한 CLAIM 처리 및 허위신고 방지를 위해 모든 CLAIM은 소정기일 내에 항공사에 서면으로 이의를 제기하여야 한다. 소정기일 내에 신고되지 않은 CLAIM은 항공사에 의해 거부될 수 있다.
- 먼저 여객이 수하물 사고에 관해 신고할 경우 수하물표와 해당항공권, 탑승권을 지참하고 공항의 유실물센터로 간다.

- 신고 접수 후 항공사 담당직원은 공항 내에서 발견 가능 지역을 우선 조사해야 한다. 그리고 수하물 사고보고서(PIR : Property Irregularity Report)를 작성하여 항공사 측 및 여객 측이 각각 보관한다.
- 항공사 측은 접수된 분실 수하물에 대한 추적작업을 실시, 회수 시 승객에게 인계, 미회수 시 승객과 배상에 대해 협의한다.

2) 배상규정

운송인은 탁송수하물의 파손, 분실의 경우 손해의 원인이 항공운송 중 발생한 경우의 손해에 대한 책임을 진다(바르샤바협약).

■ 분실(Missing)인 경우

수하물을 접수했어야 하는 날로부터 21일 이내(부분 분실 포함)

사전에 보다 높은 금액이 신고되지 않은 수하물의 손상, 분실의 경우 최고 배상 책임 한도액은 위탁수하물은 20USD/kg이며 휴대수하물의 경우 1인당 최대 400USD 상당의 원화금액의 범위 내에서 입증된 손해액으로 제한하되, 승객의 손해배상 청구액 중 낮은 금액을 적용하여 배상하게 된다. 여객이 사전에 보다 높은 가격을 신고하고 운송약관에 의거 종가요금을 지불한 경우 항공사의 책임한 도는 신고가격까지 배상받을 수 있다.

■ 파손(Damage)인 경우

수하물 접수 후 7일 이내(국내/국제 동일)

수선할 경우는 파손된 수하물의 수선비 영수증을 첨부하여 실비로 정산한다. 신품 구입 시 파손된 수하물의 원구입 가격에 감가상각비를 적용한 금액으로 설정 한다.

■ 도난(Pilferage)인 경우

도난물품의 중량에 의한 최고 배상한도액과 승객 청구액 중 낮은 금액으로 정한다.

■ 지연(Delay)인 경우

수하물을 접수했어야 할 날로부터 21일 이내(부분 분실 포함)

　승객의 짐이 늦게 도착하는 경우 일용품 구입비로 50USD 한도 내에서 해당 승객에게 1회에 한해 지불하게 된다.

국내선 수하물 처리

성인 여객이나 성인 적용운임의 50% 이상을 지불하는 소아에 한해 위탁수하물은 1인당 20kg까지 무료이다.

- 무료수하물 허용량을 초과하는 중량에 대해서는 kg당 운송구간 성인 통상 편도 정상운임의 2%에 해당하는 금액을 초과수하물 요금으로 징수한다.

- 위탁수하물 또는 기타 소지품 가격이 여객 1인당 미화 400달러에 해당하는 원화금액을 초과하는 경우는 사전에 그 가격을 신고할 수 있다. 이 경우 매 10,000원 또는 단수액당 55원(세금 포함)의 종가요금을 징수한다. 사전에 보다 높은 가격이 신고되지 않은 수하물의 손상, 분실의 경우 항공사의 배상책임은 위탁수하물의 경우 kg당 20달러 상당액을, 휴대수하물의 경우 1인당 미화 300달러 상당의 원화금액 범위 내에서 입증된 손해액으로 제한된다.

- 기내 무료 휴대수하물은 물품 3변의 합이 115cm, 중량 10kg 이하인 수하물 1개에 한해 기내 선반이나 좌석 밑에 수용하는 조건으로 가능하다.

1. 운송제한승객의 정의와 유형

운송제한 승객이란(RPA: Restricted Passenger Advice) 육체적 질환 환자, 정신질환 환자, 신체부자유자 혹은 허약자, 비동반 소아, 임신부, 맹인, 알코올 혹은 마약중독자, 죄수 등이 포함된다. 이 중 육체적 질환 환자, 정신질환 환자, 신체부자유자 혹은 허약자 등을 Invalid 승객으로 구분하고 있다. Invalid 승객에는 전염병 환자, 정신질환자, 생후 2주 미만의 신생아, 대수술 후 10일 미만의 환자 등이 있다.

항공사는 항공기의 안전과 승객의 안전한 여행에 지장을 초래할 수 있는 특정 부류의 승객에 대하여 항공보안법에 의거, 운송의 제한 또는 거절을 할 수 있다.

항공사가 승객의 운송을 제한, 거절할 수 있는 운송제한승객의 유형은 다음과 같다.

- 여객이 인명이나 재산의 안전을 위한 정부기관이나 항공사의 지시나 요구에 따르지 않는 경우
- 여객이나 수하물의 운송이 타 여객이나 승무원의 안전, 건강에 위해를 끼치거나 안락한 여행에 영향을 미칠 수 있는 경우
- 주류, 약물로 인한 손상을 포함하여 여객의 정신적·신체적 상태가 여객 자신, 다른 승객, 승무원 또는 재산에 유해하거나 위험을 초래할 수 있는 경우 등

비동반 소아, 장애자, 임산부, 질환자 또는 특별한 도움을 요하는 여객의 운송은 그에 필요한 조치사항에 대하여 사전에 항공사와 합의된 경우에 접수될 수 있다. 여객이 장애사실과 운송에 필요한 특별요청사항을 사전에 항공사로 통보하여 운송이 수락된 이후에도 출발지 공항에서 병약 승객 건강상태에 따라 최종 운송여부가 결정된다.

1) 환자승객(Incapacitated Passenger)

항공여행의 세계적 보편화추세에 힘입어 최근에는 노약자를 비롯한 응급환자, 신체장애자 등 다양한 여행수요가 증가하고 있는 실정이다. 그러나 항공운송은 초고속, 고공비행 등의 고유한 특성으로 인해 일반인과 구별될 수 있는 거동 불편자, 환자 등 특수승객의 경우 별도 서비스가 제공되어야 한다. 즉 승객 본인의 건강과 여타 승객의 신변문제, 서비스 측면 및 항공기 안전운항 등 제반문제를 고려하여 사전의학적 조치와 더불어 표준화된 운송서비스를 제공하는 것이다.

Incapacitated Passenger란 승객의 육체적·의학적 또는 정신적 상태가 항공기 탑승, 하기 시 및 기내에서 일반승객에게는 제공되지 않는 개인적인 도움이 필요한 승객을 말한다. 즉 신체적 혹은 의학적 상태가 항공사의 특별한 도움과 배려를 필요로 하는 승객을 칭하며 임산부를 포함하여 노약자, 병약한 자, 장애자 및 일반 환자승객을 포함한다.

▪ 구분

- **MEDA**(Medical Assistance Required)
  자력 이동이 불가능하거나 어려워 도움을 필요로 하는 환자 승객으로, 안전한 항공여행을 위해 예약 시에 해당 항공사로부터 사전의학적 허가(Medical Clearance)를 받아야 하는 경우의 승객
  32주 이상의 임산부, STCR승객, 정신질환자, 약물중독자, 걷지 못하고 움직일 수 없는 마비가 있는 승객
- **STCR**(Stretcher Passenger)
  Stretcher 승객, 정상적으로 승객좌석을 이용할 수 없는 경우로 기내침대 Stretcher를 이용해야 하는 승객
- **OXYG**(Oxygen)
  기내에서 산소통을 사용해야 하는 승객

- WCHR(Wheel Chair Passenger)

  WCHC(Wheel Chair Cabin Seat)
- BLND(Blind Passenger)
- DEAF(Deaf Passenger)

■ 운송절차

다음과 같은 조건이 충족되면 항공사로부터 운송이 가능하다.

- 건강진단서(MEDIF) 작성
- 서약서 작성
- 환자의 보호자 동반 : 여행 중 승객을 보호할 보호자나 의사, 간호사가 동반해야 한다.

2) 기타

■ 동반 유아

국제선의 경우 생후 14일 이내, 국내선은 생후 7일 이내일 경우 항공운송이 불가능하다.

■ 취객 및 약물중독자

증상의 정도를 판단하여 출발지 공항지점장이 항공여행 가능 여부를 결정한다.

■ 죄수(Prisoner)

반드시 2인 이상에 의해 호송되어야 하며 관계기관과 긴밀한 협조 후에 운송 조치한다. 운송에 관한 승인은 공항지점장 결재사항으로 한다.

■ 추방자(Deportee)

출발지 국가로부터 불법체류 또는 불법체류 시도자로 인정되어 추방된 승객을 뜻한다. 사무장이 여권 및 기타 서류를 별도 보관하고 도착 시 지상직원에게 직접 인계한다.

2. 운송제한승객의 유형별 H/D 절차

1) Stretcher 승객

여행 중 의사 또는 간호사 1명 동반이 원칙이나, 진단서(MEDIF)에 의료진 동행이 불필요하다고 명기되어 있는 경우에는 성인 보호자만으로도 여행이 가능하다. 그리고 의사나 간호사는 승객이 사전에 확보해야 한다. 그리고 탑승 승객은 건강진단서 및 서약서 3부를 준비해야 한다. 또한 항공사 측의 기내 Stretcher 장착을 위해 1주일 전까지 예약을 하고 탑승절차를 위해 해당 비행 편 출발 72시간 이전에 통보해야 한다.

운임은 EY/CL 성인 정상운임의 6배이며, 앰뷸런스 사용료, 병원비 등 추가비용은 승객이 부담한다.

2) 임산부(Pregnant)

원칙적으로 임신 37주 이상인 경우에는 탑승이 불가하다.

- 임신 32주(8개월) 이내인 경우 정상승객으로 간주하며, 임신 32주 이상인 임산부의 경우에는 항공 편 출발 72시간 이내에 산부인과 의사가 작성하여 발급한 건강진단서 3부 및 서약서 2부를 준비해야 한다.
- 항공사 측에서는 승객의 건강상태를 확인하여 운송 가능 여부를 판단하고, 불가 시에는 사유를 설명하고 운송을 거절할 수 있다.
- 항공사 측은 건강진단서 및 서약서를 접수 보관하고 건강진단서 1부는 해당 항공 편 사무장에게 인계하며 도착지 공항에 전문 조치한다.

3) 비동반 소아(UM : Unaccompanied Minor)

- 만 5세 이상~만 12세 미만의 유아나 소아가 성인 동반 없이 여행하는 경우, 탑승항공사에 비동반 소아 운송신청서 및 서약서를 제출해야 여행할 수 있다 (국내선 비동반 소아는 만 5세 이상 만 13세 미만).
- 부모 또는 보호자가 출발지 공항까지 동반해야 하며, 도착지 공항에도 보호자가 출영해야 한다.
- 출발지 공항에서는 UM Badge를 패용토록 하며, 출국수속을 대행해 주고, 기내 객실 사무장에게 UM 및 UM Envelope를 인수인계하여 담당 Zone 승무원의 Special Care를 조치한다. 목적지 도착 시 사무장은 공항 직원에게 UM 및 UM Envelope 인계, 도착지 공항에서는 보호자에 연락하여 출영조치, 입국수속 대행 및 보호자에 인계한다.

4) 맹인(Blind Passenger)

맹인승객 또는 맹인 인도견이 동반하는 경우는 정상승객과 동일하게 운송되고 맹인 인도견 동반 시 다음 조건에 따라야 한다.

- 인도견에게는 물을 제외한 음식물 제공은 불가하다.
- 인도견은 맹인의 발 아래 위치해야 한다.
- 적절히 끈을 채우고 재갈을 물려야 한다.
- 인도견에 대한 추가요금 징수는 없다. 그리고 인도견 없이 혼자 탑승하는 비동반 맹인일 경우는 운송제한 승객으로 분류된다.
- 혼자 걷거나 식사가 가능해야 하며, 자기 자신을 돌볼 수 있어야 한다.
  - 출발 및 도착지에 Escort가 있어야 하며, 도착지 보호자에게 출영 확인을 받도록 되어 있다.
  - 탑승 시 서약서 2부를 작성하며, 항공사 측은 맹인승객의 탑승수속 및 출·입국 수속을 대행해 주며, 객실 내에서는 담당 Zone 승무원의 Special Care가 조치된다.

판매 및 마케팅 → 예약 및 발권 → 공항 도착 → 탑승수속 Check-in → 항공기 출발 → 기내서비스 → 항공기 도착 → 승객 하기 → 입국수속 → 수하물 회수

Airline Management

6

항공객실서비스

항공객실 서비스

제1절 객실승무원 근무기준

1. 객실승무원의 책임과 임무

객실승무원은 승객을 목적지까지 안전하고 쾌적하게 운송하여야 하는 책임과 운송 중 승객의 요구를 충족시켜 최상의 서비스를 제공하고 편안한 여행이 될 수 있도록 할 의무가 있다.

2. 객실승무원의 운영

1) 직급체계

항공사마다 체계와 직급 명칭에 다소 차이는 있으나, 공통적으로 여러 단계의 진급과정을 거치게 된다. 일반적으로 처음 입사한 신입 승무원들은 일정 기간 비행 근무를 한 후 자격심사를 거쳐 '부사무장(Assistant Purser)'이 된다. 이를 보통 영어 알파벳의 앞 글자를 따서 'AP'라고 부르는데, AP가 되고 나서 3년이 지나면 기내의 관리자격인 '사무장(purser)'으로 진급할 수 있는 자격이 주어진다. 그리고 다시 사무장에서 4년이 지나면 '선임사무장(Senior Purser)'으로의 진급 기회가 주어지고,

다시 3년이 지나면 승무원직 중에서는 최고의 직급인 '수석사무장(Chief Purser)'이 될 수 있다.

일부 항공사는 임원대우 승무원제도를 운영하고 있다.

2) 직책에 따른 임무

■ 사무장(Duty Purser)

구성팀의 책임자로서 다음과 같이 객실승무원 및 객실업무의 지도 관리 책임을 맡는다.

- 객실 브리핑(Briefing) 주관 및 승무원의 업무 할당
- 비행 중 기내 설비 및 장비의 기능 점검 확인
- 기내서비스 진행 관리 감독
- 항공기 출입국 서류 및 Ship Pouch 관리
- 기내방송 관리 감독
- VIP, CIP 등 Special 승객 등에 대한 처리

- 비행 중 발생하는 Irregularity 상황 해결
- 해외 체재 시 승무원 관리 및 해외 지사와의 업무연계체제 유지
- 안전비행을 위한 제반조치 등

■ 부사무장(Assistant Purser)

사무장 유고 시 그 임무를 대행하며 승무 중에는 다음의 업무를 수행한다.

- 사무장 업무 보좌
- 일반석 서비스 진행 및 관리
- 서비스용품 탑재 확인
- 비행안전 업무
- 수습승무원 훈련, 지도 및 평가
- 일반 승무원 업무 등

■ 일반 승무원

비행 중 각자에게 할당된 기내서비스 업무를 담당한다.

■ 현지 여승무원

비행 중 할당된 기내서비스 업무를 담당하며 현지 승객의 의사소통을 담당한다. 비행 중 실시되는 안내방송을 현지어로 실시한다.

3) 관리체제

일정한 장소와 규칙적인 시간의 근무형태가 아닌 승무원들에 대한 관리제도는 항공사마다 차이가 있으나, 소규모 단위조직인 팀으로 나뉘어 운영된다. 한 팀에는 보통 15명 내외의 승무원이 각 직책별로 배속된다. 팀의 효율적인 운영과 비행업무를 고려하여 팀의 리더인 팀장에서부터 부팀장, 상위 클래스 서비스 훈련 이수자, 방송 상위 등급자 등 자격요건에 맞추어 업무가 고르게 배정되며 그에 따른 승무원의 관리가 이루어진다.

4) 지휘체계

항공기 운항 및 안전 운항에 관한 총책임은 기장에게 있으며, 기내식음료 서비스, 면세품 판매 등 항공기 운항과 무관한 사항에 대한 책임은 사무장에게 있다. 객실승무원은 업무수행 시 및 근무 중 발생한 제반 비정상 상황의 처리 시에는 반드시 정해진 지휘계통을 준수해야 하며, 규정에 어긋나거나 불합리한 지시는 그 이유를 들어 사무장에게 수정을 건의할 수 있다.

3. 객실승무원의 근무형태

객실승무원의 근무형태는 비행근무(승무) 이외에 편승, 대기, 지상근무 및 교육훈련 등을 포함한다.

1) 승무(On-Duty Flight)

객실승무원이 항공기에 탑승하여 소정의 업무를 수행하는 것을 말하며, 승무시간 산정은 Block Time을 기준으로 한다.

> • Block Time
> 항공기가 비행을 목적으로 자력으로 움직이기 시작한 순간부터 비행이 종료되어 완전히 정지할 때까지의 시간
>
> • 휴식시간
> 항공기 안전운항을 위해 승무원의 승무시간은 관계법령에 의해 엄격히 제한되고 있다. 비행소요 예정시간이 10시간 이상인 직행 Flight, 혹은 승무원 교체 없이 양 구간의 비행소요 예정시간의 합이 10시간 이상인 Flight에서 승무원 휴식시간이 주어진다.

2) 편승(Extra Flight)

객실승무원이 다음 업무를 위해 또는 업무를 마치고 할당된 업무 없이 공항과 공항 간을 자사 혹은 타사 항공 편으로 이동함을 말하며 Ferry Flight를 포함한다. 편승 시에는 신분이 노출되지 않도록 사복으로 갈아입고 비행기에 탑승하며 모든 비행 전후의 업무는 승무 시와 동일하다.

- **Ferry Flight**
유상 탑재물을 탑재하지 않고 실시하는 비행을 말하며 항공기 인도, 정비, 편도 전세운항 등이 이에 속한다.

3) 지상근무

승무원 신분으로 일정 기간 사무실에서 비행근무와 관련된 계획업무, 지원업무, 훈련업무 등 지상에서 근무하는 것을 의미한다.

4) 교육훈련

객실승무원은 신입 전문훈련 및 직급에 따라 임무수행에 필요한 소정의 보수교육 등을 이수해야 한다.

5) 대기근무(Stand-by)

대기근무는 정기, 부정기 항공 편의 결원이 발생하거나 스케줄 및 기종 변경 등으로 충원이 필요할 때 승무인력을 즉시 공급하기 위하여 승무원이 지정된 장소에서 대기하는 것을 말하며, 공항의 승무원 대기실에서 대기하는 공항대기(Airport Stand-by)와 거주지에서 대기하는 자택대기(Home Stand-by)로 구분한다.

■ 공항대기(Airport Stand-by)

예상되는 항공기 탑승인원 충원을 위한 공항 내 출발점에서 근무에 즉시 투입 가능한 형태로 대기하는 근무로서 Show-up 대장에 서명 후 장거리 비행에 대비한 준비와 완전한 승무복장을 갖추고 대기해야 하며 지정된 장소를 이탈해서는 안 된다.

- **자택대기**(Home Stand-by)

1일 단위로 지정된 시간까지 거주지에서 대기근무를 하는 형태로서 지정된 시간 이후에는 휴일로 전환되는 근무형태이다.

4. 객실승무원의 근무할당

1) 근무할당표(Flight Schedule)

객실승무원의 모든 근무는 개인별 월간 근무할당표에 의거하여 이행되며 객실승무원은 항시 근무할당표를 재확인하고 근무에 임하도록 한다. 이미 배정된 스케줄은 사전 허가된 부득이한 경우 외에 임의로 불이행하거나 다른 승무원과 교환할 수 없다.

근무 할당표는 승무, 대기, 편승, 교육훈련, 지상근무, 휴일, 휴가 등이 포함되어 명시되게 된다.

- Monthly Individual Schedule

'Monthly Individual Schedule'이란 객실승무원의 1개월간 비행스케줄이 수록된 양식으로 월 단위로 배포되는 개인 비행스케줄표이다. 객실승무원은 'Monthly Individual Schedule'에 명시된 비행근무를 실시할 의무가 있으며 근무일정은 회사 사정에 의해 임의로 변경될 수 있다.

Monthly Individual Schedule 수록 내용은 다음과 같다.

- 인적 사항 : 이름, 직원 고유번호, 직급, 직책, 전화번호, Team번호, 방송자격, 여권 유효일자 등
- Itinerary : 비행일정

- 해당 비행 편명/출발시간/도착시간/월 총 비행시간
- Stand-by, Day Off, 휴가, 교육 등 비행 외 정보

2) 근무할당 원칙

객실승무원의 개인별 비행근무시간은 규정에 의해 1일, 월간 및 연간 일정 제한 시간을 두고 이를 초과하지 않도록 배정되어 있으며, 개인별 혹은 팀별로 비행시간 및 노선 배정의 평준화 등이 이루어지도록 공평하게 짜여진다.

승무원 편성은 효율적인 기내서비스 업무를 수행하기 위해 기종별로 직위에 따른 적절한 인원을 안배하여 조를 편성 운용하게 되는데, 직종별 탑승인원 책정 및 편성 시 다음 사항이 고려된다.

- 비행안전을 위한 최소한의 적정인원 여부
- 비행노선 및 비행시간에 따른 서비스 내용
- 국제선 및 국내선 노선 편성
- 승무원 인원수급 계획상의 변동

5. 객실승무원의 용모 복장

각 항공사별 승무원은 제복 착용 및 Make-up, Hair-do 등 제반 용모복장 규정을 준수하여 근무에 임한다.

객실승무원의 제복은 승무원의 제2의 얼굴이며 항공사의 얼굴이므로 승객을 응대할 때는 물론이고, 회사 내에서 혹은 국내외 어느 곳에서나 많은 사람의 시선을 받게 되므로 승무원으로서 세련된 감각으로 단정하고 깨끗한 제복 착용을 유지해야 한다.

유니폼은 내부적으로는 승무원 간의 일체감과 결속력을 높여주고, 대외적으로는 통일된 이미지와 국제적 감각의 세련미를 더해주어 승무원의 이미지를 높이는 데 큰 역할을 한다. 유니폼 착용 시에는 유니폼에 어울리는 머리 모양이나 화장, 장신

구 등 여러 규정이 따르며 승무원은 비행근무 전에 용모 복장에 대한 완벽한 준비를 해야 한다.

1) 객실승무원의 휴대품

객실승무원의 휴대품은 각 항공사에서 제정하여 지급한 Flight Bag, Hanger, Shoes, Apron 및 기타 업무상 필요로 회사에서 제정한 것으로 제한하여 일절 다른 물건은 휴대할 수 없으며, Flight Bag 내에는 그 외 비행업무에 필요한 Manual이나 여권, 신분증, Flash Light, Service 기물 등을 휴대해야 한다.

제2절 객실서비스

1. 객실구조

객실은 일반적으로 기종에 따라 구역으로 나누어진다. 각 구역은 문과 문 사이를 두고 구분하여 소형기는 2개, 중형기는 3~4개, 대형기는 5~6개의 구역(Zone)으로 나누어지며 각 항공기는 소, 중, 대형기마다 앞쪽에서부터 차례로 A, B, C, D, E Zone이라고 칭한다. 이를테면 소형기는 A, B, C Zone만 있을 수 있고, 대형기의 경우 A, B, C, D, E Zone을 비롯해 U/D(Upper Deck) Zone까지 나누어진다.

객실 내부는 또한 기능상으로 살펴볼 때 앞뒤를 연결하고 승객들이 통행할 수 있는 통로(Aisle), 각 Zone별로 비상시 사용하는 비상구(Exit), 각 Zone별 식음료를 준비하는 주방(Galley), 화장실(Lavatory), 승객의 짐과 옷을 보관하는 Coatroom, 그리고 승객좌석(Seat)과 승무원 좌석(Jump Seat) 등으로 구성된다. 그리고 객실 내 통로의 개수에 따라 통로가 1개인 항공기를 Narrow Body(B737, MD82 등), 통로가 2개인 항공기의 경우는 Wide Body(B747, B777, A380, A330 등)라고 칭한다.

2. 객실서비스 등급

객실서비스 등급은 항공사에 따라 그 명칭이 약간씩 다르나, 일반적으로 First Class, Business Class, Economy Class로 구분된다.

1) First Class(일등석)

First Class는 객실 전방부나 Upper Deck에 위치하며 좌석 폭과 좌석 사이의 간격이 다른 등급에 비해 넓고 쾌적한 Seat Configuration을 갖추어 First Class만의 안락함과 쾌적함을 조성하는 독립된 분위기인 것이 특징이다.

좌석 수는 기종에 따라 6석에서 16석 이상
까지 운영되며 신기종에는 대체로 180도 완전
수평좌석인 침대형 좌석을 운영하기도 한다.
또한 타 클래스와는 달리 First Class는 격조
높은 고급 호텔 레스토랑 수준의 정통 서양식
코스별 서비스로 Menu와 Wine, 음료, 식기류
등 최상위 Class에 부합하는 고급화·차별화된 서비스를 제공한다.

그 밖에 내국인 승객의 욕구에 부응하기 위해 다양한 종류의 전통 한국음식을 제공
하며 First Class에 맞도록 소정의 훈련을 받고 자격을 갖춘 경력 승무원이 근무한다.

2) Business Class(비즈니스석)

Business Class는 First Class의 바로 후방
에 혹은 Upper Deck에 위치하며 Economy
Class에 추가요금을 지불한 승객이 탑승하는
Class로서 일등석에 준한 좌석분위기와 서비
스가 제공되며, 최근 들어 각 항공사 마케팅전
략의 초점이 되는 Class이므로 항공사마다 특
색 있는 명칭으로 다양한 서비스를 개발하여 운영하고 있다. A380의 경우, 2층
전체를 Business Class 90여 좌석과 라운지로 사용하는 항공사도 있다.

3) Economy Class(보통석)

기종별로 차이는 있으나 100명에서 300~400
명까지 탑승할 수 있는 일반 보통석의 좌석을
운영한다. 또한 항공사별로 신형 기종에는 등받
이 각도와 좌석 간의 간격을 보다 넓히고 좌석
하단에 Leg Rest를 장착 운영하는 등 승객 편의
를 도모하기 위한 시설확충에 주력하고 있다.

일부 항공사에서 제공되는 비즈니스 클래스와 이코노미 클래스 사이의 중간 정도 좌석 등급으로 대부분 이코노미 클래스 보다 다리를 더 많이 뻗을 수 있는 공간이 제공된다. 그 명칭은 표준화되지 않고 프리미엄 이코노미 클래스 또는 이코노미 플러스 클래스 등으로 항공사마다 다르게 칭한다.

3. 기내서비스

기내서비스는 승객이 보다 쾌적하고 안전하게 여행할 수 있도록 승객의 다양한 욕구 만족을 위한 각종 물적 서비스와 탑승승무원의 인적 서비스가 결합되어 이루어진다. 일반적인 항공기 내에서 승객들에게 제공되는 서비스는 다음과 같다.

1) 기내 식음료

기내식은 비행 중 승객에게 제공되는 음식으로서 승객이 항공사의 서비스에 대해 갖는 이미지와 깊은 연관이 있으며, 수준 높고 세련된 기내식 서비스는 승객에 의해 평가되는 항공사의 전체적인 서비스의 질을 좌우하는 역할을 한다.

■ 기내 식음료 제조 및 탑재

각 항공사마다 기내 식음료는 승객들의 다양한 기호에 부합되는 식음료를 계획, 구입, 관리, 제조 및 공급 등을 전담하는 기내식 제조회사에 의해 해당 비행기편에 탑재된다.

엄선된 기내 식음료는 대단위 승객 수를 감안하여 비행기의 탑재공간을 최소화시키고 효율적인 재활용을 위해 항공사마다 각 고유의 이미지를 살려 별도의 전용 기물을 디자인·제작하여 사용하고 있다. 그리고 이러한 기물은 음식을 담는 일인용 식기류에서부터 서빙용 쟁반(Tray), 이동식 Cart, Carrier Box 등 항공기 내의 전용 서비스 기물 및 용기를 이용하여 항공기까지 운반되며 항공기 내부의 주방인 갤리 (Galley)의 각 Compartment에 탑재된다.

기내식의 메뉴는 승객들의 건강, 기호를 고려하고 식상감을 최소화시키기 위해 적정 Cycle(약 3~4개월 주기)마다 비행노선의 특성을 감안, 승객 취향에 맞도록 조정하여 변경된다.

■ 기내 식음료 관리 및 준비

기내 식음료가 탑재되어 보관·관리되는 Galley는 항상 청결하게 위생 상태를 유지한다. 비행 중 신선도가 필요한 모든 기내 식음료는 항공기에 장착된 Chiller 장비를 이용하거나 Dry Ice를 이용하여 신선도를 유지한다. 또한 갤리에는 오븐(Oven)이나 커피 메이커(Coffee Maker), 물을 가열할 수 있는 Water Boiler System 등 기본적인 주방시스템을 갖추고 있어 탑재된 기내 식음료를 뜨겁게 제공해야 하는 것은 뜨겁게 가열하거나 데워서 제공하고, 차갑게 제공해야 하는 것은 차갑게 Chilling하여 제공한다.

또한 식음료 제공 시에도 각 클래스별로 정해진 기물, 기용품을 사용하여 준비하게 되며 서비스 시작 전에 기물 및 기용품의 청결도 및 상태를 점검하여 사용하고 다음 편수에 인수인계할 기물이나 기용품은 사용 후 세척하여 정위치에 보관한다. 그리고 이러한 기내 식음료의 서비스를 전담하는 승무원들은 기내 식음료 서비스 시작 전 손을 깨끗이 닦는 등 항상 위생에 대한 의식을 갖고 서비스에 임한다.

■ 기내 식음료의 종류 및 특성

· 기내음료

기내에서는 식사 서비스 전 식욕을 돋우기 위한 식전음료로 각종 주류, 청량음료 등은 물론 식사 중 식욕을 돋울 수 있는 고급 와인, 그리고 비행 중 항시 승객의 요구에 따라 다음과 같이

다양한 음료가 제공된다.

● 기내음료

비알코올음료	Mineral Water, Juice, Soft Drink, Coffee, Tea 등
알코올음료	Wine, Champagne, Whisky(Scotch, Canadian, Bourbon), Brandy, Liqueur, Campari, Rum, Gin, Vodka, Beer 등

노선별, Flight별로 다양한 종류의 비알코올음료와 알코올음료를 제공한다.

음료서비스는 기본적으로 Meal 서비스 시점을 기준으로 식전에 식전주인 Aperitif를 제공하고 식사 중에는 Meal Type에 따라 Wine이나 기타 음료를 제공하며, 식후에는 Coffee와 Tea류를 제공한다. 비행 중 승객요구에 의해 모든 음료의 제공이 가능하나, 알코올음료의 경우에는 만취 승객이 발생되지 않도록 유의한다. First Class에서는 Wine List를 제공하고 Business Class, Economy Class의 경우 Menu Book에 해당편 음료서비스에 대한 안내가 이루어진다.

· 기내식

기내식은 주로 서양식이 주종을 이루나, 양식 외에도 항공사에 따라 운항노선의 특성에 맞게 기내식으로 개발한 한식, 일식 및 기타 현지 메뉴도 제공되며, 비행 구간 및 시간, 객실 등급에 따라 서비스되는 종류가 각각 다르다. First Class의 경우는 코

스별로, 비즈니스 Class의 경우는 Semi 코스 방식으로 기내식 음료를 서빙 왜건 등에 담아 Presentation 서비스를 하며, 보통석에서는 Pre-Set Tray(한상차림) 방식으로 제공한다. 각 Class별로 Main Entree는 승객의 욕구를 충족시키기 위해 상위 클래스는 3~4Choice Entree를 제공하고, Economy Class에서는 2~3Choice Entree를 제공한다.

그 외 종교상 이유(힌두교, 이슬람교, 유대교도 등), 건강상 이유(채식, 건강식 등), 연령(유

아식, 아동식 등) 및 용도(결혼, 생일 축하용 등)에 따라 승객이 사전 주문한 특별식이 탑재되며 주문 내용은 S.H.R.(Special Handling Request)에 기록된다.

○ 주요 특별식 코드

BLML	Bland Meal	DBML	Diabetic Meal
GFML	Gluten-free Meal	LFML	Low Fat Meal
LCML	Low Calorie Meal	LSML	Low Sodium Meal
LPML	Low Protein Meal	VGML	Vegan Vegetarian Meal
AVML	Asian Vegetarian Meal	RVML	Raw Vegetarian Meal
VLML	Lacto-ovo Vegetarian Meal	KSML	Kosher Meal
HNML	Hindu Meal	SFML	Seafood Meal
MOML	Moslem Meal	FPML	Fruit platter Meal
CHML	Child meal	BBML	Baby Meal

○ 노선별 MEAL 서비스

노선구분	비행시간	MEAL 서비스 회수
장거리(Long Haul)	비행 7시간 이상 Flight	2회/간단한 스낵류 1회 제공
중거리(Middle Haul)	비행 3~7시간 Flight	1회/간단한 스낵류 1회 제공
단거리(Short Haul)	비행 3시간 미만 Flight	간단한 스낵류 1회 제공

Meal Type

- Breakfast - 05:00~09:00
- Brunch - 09:00~11:00
- Lunch - 11:00~14:00
- Dinner - 18:00~22:00
- Supper - 22:00~01:00
- Refreshment or Light Meal - 기타 시간

2) 기내 편의서비스

■ 승무원 호출버튼

비행 중 승무원의 도움이 필요할 경우 승객 좌석 양쪽에 부착된 호출버튼을

이용하여 호출할 수 있도록 되어 있다.

■ 독서물 서비스

항공여행 시 대부분의 승객이 느끼게 되는 제약된 공간의 답답함으로 인해 활동의 욕구를 해소하기 위한 흥밋거리를 제공하기 위해 항공사별 자체 선전용 잡지를 비롯하여 국내외 시사지, 일간지, 잡지 등이 구비되어 있다.

■ 기내 오락물 및 설비

최근 대부분 항공사는 개별 좌석 모니터에서 승객이 원하는 것을 직접 선택하여 즐길 수 있는 AVOD(audio / video on demand), 개인용 모니터를 장착하여 터치스크린이나 핸드 셋을 이용하여 영화, 위성 TV, 뉴스, 단편물, 게임 등 일반 영상 오락물 및 에어쇼(air show), 안전 데모(safety demo), 면세품 안내 등 원하는 프로그램을 선택할 수 있도록 서비스를 제공한다. 또한, 기내 음악은 다양한 장르별 음악이 채널별로 제공되고 있으며, 노선 및 운항 기종에 따라 장르별 음악이 일정 주기로 교체된다.

■ Give Away 서비스

탑승한 어린이를 위하여 장난감 등의 Give Away가 선물로 제공되며 젖병, 기저귀 등이 준비되어 있다. 또한 수면안대, 덧신용 양말, 칫솔치약 등으로 구성된 여행 편의품(Amenity Kit)을 제공한다.

■ 기내 위성전화

B777-200, B747-400 일부 기종, A330 등 일부 최신 기종에 첨단설비인 기내 전화를 장착하여 항공기 내 통신위성을 이용하여 전 세계 어느 곳이나 전화통화가 가능한 기내 전화서비스를 제공한다.

■ **장애인용 설비**

장애인 승객의 편의를 위해 일부 기종의 모든 통로 측 좌석을 우선 배정하며 일부 기종에서는 팔걸이가 뒤로 젖혀지도록 하여 이동이 쉬운 장애인 좌석을 운영한다. 또한 일부 기종에 장애인용 화장실도 설비되어 있다.

■ **유아용 설비**

모든 중, 장거리 기종에는 객실 내에 착탈식 유아용 요람(Baby Bassinet)을 구비하고 있으며, 화장실 내에는 기저귀를 갈기 편하도록 보조판(Baby Diaper Panel)을 장착 운영한다.

■ **기타**

승객이 사용한 기내에서 제공되는 엽서 및 편지지 등의 우편물 Mail도 가능하다.

3) 휴식 제공

항공여행 중 피로를 느끼는 승객의 편안한 휴식과 수면을 위해 기내 적정온도를 유지시키고 승객을 Care하는 서비스가 제공된다.

4) 면세품 판매

대부분의 국제선 항공기에서 승객의 편의를 위해 술, 담배, 향수, 화장품 등 세계 유명상품을 면세가격으로 구입할 수 있도록 면세품 판매를 실시하며 항공사에 따라 사전 주문예약 서비스도 제공하고 있다. 이는 승객들에게 편의를 제공함과 동시에 항공사의 수익을 올리는 데 큰 역할을 하고 있다.

5) 입국수속 서류작성 안내

항공기가 목적지에 도착하기 전 목적지 입국에 필요한 입국서류가 배포되며 승무원들에 의해 서류작성을 안내하는 서비스가 제공된다. 입국서류에는 일반적으로 입국카드와 세관신고서 등이 있으며, 해당 국가의 규정에 따라 준비해야 할 서류가 약간씩 상이하다.

6) 안전

승객에게 제공되는 가장 근본적인 중요한 서비스 사항으로 승객이 항공기 탑승 전 갖게 되는 항공기에 대한 의식적·무의식적인 불안감 등을 해소하고 안전하고 편안한 여행을 위한 서비스이다.

■ Safety Demonstration 실시

비상시 승객이 사용하게 될 비상구 위치, 좌석벨트, 산소마스크와 구명복에 대한 사용법을 설명함으로써 예기치 않은 기류변화 등 비상사태에 대비하도록 시범 또는 비디오 상영을 통해 안내하며 비행 중 필요시 수시로 좌석벨트 안내방송 등을 실시한다.

■ 객실 내 각종 의료품 비치

• Medical Kit 비치

의사의 지시나 처방 없이도 사용할 수 있는 간단한 약품이 들어 있는 구급용품상자이다.

• First Aid Kit

「항공법」에 의거하여 비행 중 발생되는 사고에 대비하여 탑재되는 구급조치함으로써 잠김부분에 납땜으로 되어 있으며 필요시 객실 사무장의 승인하에 납땜을 제거하고 사용한다.

• Banyan Emergency Kit

장거리 비행노선에서 발생할 수 있는 응급환자의 구호를 위해 각종 주사약, 청진기, 혈압계 및 간단한 수술도구가 포함된 의료기구가 들어 있으며 의사만이 사용할 수 있다. 즉 항공기 운항 중 응급환자 발생 시에는 기장, 사무장의 지휘하에 의사나 간호사의 탑승 여부를 확인하고 의사 탑승 시에만 개봉하여 사용할 수 있다.

■ 객실 비상장비 비치

비행 중 비상시에 대비하여 각종 소화기, 산소통 등이 객실 내에 비치되어 있으며, 그 외 비상착륙 및 착수 시에 대비하여 항공기 탈출용 미끄럼대인 Escape Slide를 비롯하여 구명보트 역할을 해주는 Life Raft, 확성기(Emergency Megaphone), 구조신호용등(Radio Beacon)의 비상장비가 항공기 내에 장착되어 있다.

1. 비행 전 준비

1) 비행 필수품 준비

당일 비행 Schedule에 의거 승무원은 사전 비행준비물을 점검·준비하고 항공기 출발에 앞서 충분한 시간 여유를 갖고 대기실에 도착하여 비행에 임할 준비를 해야 한다.

■ 필수 휴대품
- 여권 및 비자
- 직원 신분증(I.D Card)
- 항공사별 근무규정집(안전, 서비스, 방송문, Flight Diary 등)
- Time Table
- 출입국에 필요한 서류
- 기타 업무수행에 필요한 지급품 및 개인 휴대물품 준비
- 유니폼, 앞치마, 손전등, 메모지, 향수 등

2) Show-up

항공사별로 그 형식과 절차는 상이하나 필요시 객실승무원이 할당된 비행근무를 위해 지정된 장소에 비치된 일종의 출석대장인 Show-up 대장에 서명하는 것을 말하며, 비행근무를 위한 제복 착용상태로 완전하게 갖춘 상태여야 한다.

'Show-up List'란 객실승무원이 근무를 위해 회사 또는 공항에 나타나 본인의 Sign으로 출근 여부를 확인하는 양식으로써, Show-up List에 수록된 정보를 이해하고 올바른 Show-up 방식을 숙지하는 것은 근무에 임하는 객실승무원의 기본이라 할 수 있다.

3) 용모복장 점검

객실승무원은 객실 브리핑 참석 전 정해진 시간 및 장소에서 당직 Senior 승무원으로부터 용모복장 점검을 받아야 한다.

4) 객실 Briefing

해당 비행 편에 탑승하는 전 승무원은 비행 전 정해진 시간과 장소에서 객실 Briefing에 참석해야 하는데, 객실승무원은 브리핑에 참석하기 전 완전한 근무복장 및 휴대품 준비와 Show-up 대장에 Show-up은 물론, 다음 사항을 미리 확인 점검하여 비행근무에 차질이 없도록 해야 한다. 해외 Station에서도 Pick-Up 전에 진행된다.

- 최근 업무지시, 공고문, 해당편 서비스 절차, 도착지 정보
- 비행근무에 필요한 휴대품, 개인 메일 박스 점검, 게시판의 최신정보
- 비행 편의 제반정보 숙지, 할당 Duty

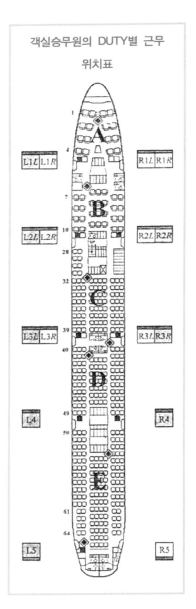

객실 Briefing은 해당편 팀장 주도하에 비행준비, 해당 비행정보 교육 및 지시의 내용으로 진행되는데 그 내용은 다음과 같다.

■ 승무원 소개

직급, 성명, 담당 Duty 등 간단한 인사

■ 비행정보 소개

- 비행일정, 당일 항공기 및 승객 현황, 관련 사항, 목적지 정보 제공
- 객실정보 제공

■ 업무할당 담당 Duty 배정

사무장은 효율적인 기내서비스 업무수행을 위해 승무원 각자의 능력을 감안하여 업무를 할당하게 된다. 승무원은 할당된 업무를 책임감을 갖고 성실하게 수행해야 하며 할당된 업무는 임의로 변경, 위임할 수 없다.

■ 비행 안전 및 보안 숙지

- 비상 장비 및 비상시 행동절차 숙지
- 기내 안전 및 보안사항 재강조

■ 서비스 관련 지시

- 서비스 내용 및 절차
- 기내방송 및 영화

■ 노선별 특성

- 승객 특성 및 기호
- 목적지 공항 정보

- 업무지시
  - 신규 및 변경된 서비스 방법 숙지
  - 비행준비를 위한 각종 강조사항

- 휴대품 준비상태 확인

5) 출국수속

객실 브리핑이 끝나면 전 승무원은 출국장으로 가서 출국수속을 한다. 이때 Flight Bag을 제외한 모든 짐을 탁송해야 하며 탁송 시에는 짐에 Crew Tag을 부착해야 한다. 전 승무원은 승무원 출국절차에 따라 C.I.Q 통과 즉시 항공기에 탑승한다.

- Custom Check(세관신고)

고액의 외제품을 소지한 승무원은 출국 전 이를 세관에 신고해야 하며 이는 귀국 후 확인을 받기 위함이다.

- Security Check(보안검색)

- Immigration Check(출국심사)

6) 합동 브리핑

합동 브리핑은 기장 이하 운항승무원 및 객실승무원 전원이 지정된 장소에서 기장 주관 하에 실시하며, 합동 브리핑 시점과 장소는 항공사별, 출발지역별로 상이하다.

해당 비행 편 전 객실승무원은 객실브리핑 직후, 혹은 항공기 탑승 후 운항승무원과의 합동 브리핑에 참석한다.

주요 내용은 비행시간 및 고도, 현지 및 목적지 기상, 운항 중 기상조건 등 비행 당일의 운항정보와 승객 상황정보를 비롯하여 비상절차 및 보안 유의사항 등이다.

1. 승객탑승 전 준비

1) 승무원 소지품 정리

승무원의 Flight Bag과 Hanger는 지정된 위치에 보관하여야 하며 승객좌석 주변이나 Door Side 등에 방치하지 않도록 한다.

2) 항공기 Pre-Flight Check

전 승무원은 항공기 탑승 후부터 승객탑승 전까지 각자 맡은바 임무에 따라 승객의 안전한 여행을 위해 각 담당 구역별로 항공기 출발 전 안전보안점검 및 서비스 준비를 하며 그 결과를 사무장에게 보고한다.

■ **비상장비의 위치 및 상태**

소화기, O2 Bottle, Flash Light, P.B.E, Door, Slide Mode, P.A/Interphone, Smoke Detector, Megaphone, Medical Kit 등 점검

■ **보안장비의 위치 및 상태**

비상벨, 가스분사기, 포승줄, 수갑, 방폭 담요, 방탄 재킷, 무기대장 등 유해물질 (폭발물, 흉기 등)의 탑재 여부 점검

■ **승객 좌석 및 주변 점검**
- Life Vest 정위치
- Call Button, Reading Light
- Air Ventilation 작동상태
- Table, Head Rest Cover 등 좌석 주변 청결상태
- Seat Pocket 내용물(Morning Calm, 구토대, Instruction Card 등)

▪ **객실 점검**

• 화장실용품 비치 및 청결상태

• Curtain/Coatroom/Aisle 청결상태, 방향제 살포

• Over Head Bin Open(일부 기종은 객실 조명 및 승객 안전을 위해 닫아둔다.)

• Demo 용구 준비

• Boarding Music Volume 조절(사무장)

• P.A 특성 및 상태 점검(사무장 및 방송담당 승무원)

▪ **Galley 점검**

• 각 Compartment 청결 및 정돈상태

• Coffee Maker/Water Boiler 작동상태 및 Air Bleeding

• Circuit Breaker 정위치

▪ **기물, 기내음료, 서비스용품의 위치, 수량 및 상태 점검**

• 기물 : Coffee Pot, Holder, Muddler Box, Basket류 등

• 기내음료 : 차류, 주스류, Soft Drink류, 알코올음료, 생수, 우유 등

• 서비스용품 : Cocktail Napkin, Cart Mat, Paper Cup, Cup Lid, Muddler, Straw, Cream & Sugar, Service Tag, Tray Mat, Plastic Bag, 방향제, Time Table, Giveaway, 잡지 등

3) 승객탑승 시 Ground 서비스 준비

▪ **신문, 잡지 서비스 준비**

Serving Cart 차림으로 준비하며 제호가 보이도록 신문은 Cart 상단에, 잡지는 Cart 중단에 보기 좋게 Setting한다.

▪ **화장실용품 Setting**

• 화장실용품 탑재 확인 : Dry Item Drawer 내의 화장실용품(화장품, 칫솔, Sanitary

Napkin 등)과 Compartment 내의 화장실용품(Roll Paper, Kleenex)이 탑재되었는지 확인한다.

- 화장실용품 Setting
  - Lotion, Skin은 Logo를 앞쪽으로 오게 하고 입구를 열림상태로 돌려놓은 후 Setting한다.
  - Roll Paper는 사용하기 쉽게 끝쪽을 앞으로 하여 삼각형으로 접어둔다.
  - Kleenex는 뽑아 쓰기 쉽게 한 장을 미리 반 정도 빼놓는다.
  - 화장실 Compartment 내에 여분의 화장실용품을 Setting해 두도록 한다.
  - Liquid Soap을 사용하는 경우 Knob을 눌러보아 Soap의 탑재량을 점검한다.

■ Liquor & Beverage 준비

Galley Duty 승무원은 승객 수와 서비스 횟수를 감안하여 필요한 White Wine, Beer 및 각종 음료를 Chilling한다.

■ 기내판매품 인수

기내판매 담당 승무원은 판매일보에 의거하여 기내판매품의 종류 및 수량을 정확히 인수하고 보조용품(계산기, 영수증, Shopping Bag 등)을 확인한다.

■ 기내 부착물 게시

'No Smoking' Tag, 'Crew Seat' Tag을 부착한다.

■ Boarding Music

- Boarding Music : 사무장은 Pre-Recorded Announcement, Light Control System, 온도조절장치 등 Station Panel을 점검하고 승객탑승 전 Boarding Music을 On한다.

- 승객탑승 전에서 On, 기내 Welcome 방송 전 Off
- 항공기 도착 Farewell, 방송 직후 On, 승무원 하기 전 Off

2. 승객탑승 시 업무

1) 탑승안내 서비스

승객탑승 시 객실승무원의 밝은 환영인사와 함께 승객의 탑승권에 명시된 좌석을 안내하거나 기내 안전에 저해되지 않도록 승객의 수하물 보관장소를 안내하는 등 기내 탑승 시 도움이 필요한 승객에게 협조하는 서비스가 이루어진다. 비행 출발 약 30분 전부터 승객탑승이 실시되는데, 승무원들은 각자 정해진 Zone의 위치에서 탑승하는 승객에게 Welcome 인사와 함께 탑승권에 기입된 좌석을 안내하고 승객 휴대수하물 보관 정리에 협조한다.

■ 환영인사

승무원은 승객탑승 시 환영 및 감사의 마음으로 승객 개개인에게 밝고 정중히 인사한다.

■ 좌석 안내 및 승객 휴대수하물 정리

승무원은 승객탑승 시 원활한 좌석 안내와 동시에 담당 Zone에 노약자나 어린이, 환자 및 유아를 동반한 승객 등 비행 중 도움이 필요하다고 판단되는 승객들을 적극적으로 안내한다. 좌석에 여유가 있는 경우라도 원칙적으로 승객의 탑승권에 기입된 좌석에 정확히 안내하도록 하며 승객의 탑승 완료 후에 승객의 별도 요구에 따라 조치하도록 한다. 좌석 중복 시 양 승객에게 양해를 구한 뒤 사무장에게 보고하여 지상직원이 좌석을 재배정하도록 한다.

특히 비상구 주변 좌석에 비상탈출 시 도움이 될 수 있는 적합한 승객의 탑승 여부를 확인하여 항공기 Door Close 전 사무장에게 이상 유무를 보고해야 한다.

• 유의사항

잡담을 금지하고 신속정확하고 친절한 안내가 이루어지도록 하며, 승객의 탑승권은 반환하며 동행인을 배려하도록 안내한다.

• 수하물 안내 요령

가벼운 물건은 선반 위에 보관하도록 하며 무거운 물건, 깨지기 쉬운 물건은 좌석 밑에 보관하여 승객의 안전에 유의한다. 그리고 Door Side나 Aisle 주변에 짐이 방치되지 않도록 한다. 부피가 큰 물건은 Coat Room 등에 보관 Tag을 이용하며 승객이 부탁한 냉장 물품 및 기타 보관물품은 중간 기착지 등 승무원 교대 시점에서 반드시 승객에게 반환해야 한다.

◎ 승객탑승 Priority

탑승 Priority		운영절차
1	Stretcher 승객	Boarding Sign 전 Pre-Boarding
2	R.P.A 승객(UM, 휠체어 승객)	(지상직원과 사무장의 협의하에 탑승)
탑승 안내 방송		
3	노약자, 유/소아 동반 승객	Boarding 시작 후 먼저 탑승
4	EY/CL 승객	47열 이후 승객 먼저 탑승
5	VIP/CIP 승객	일등석, 비즈니스석 승객과 함께 상시 탑승

2) 지상서비스

승객탑승 후 이륙하기 전 지상서비스는 항공사별, 서비스 등급별로 약간의 차이가 있으나, 통상 당일 신문이나 잡지 등 독서물 서비스와 비행 중 승객이 사용할 Earphone 서비스가 실시된다. 구간에 따라 Welcome Drink를 제공하는 경우도 있다. 항공기의 안전운항을 위해 항공기 출발 전 비상구 위치 및 비상용 구명장비에 대한 안내를 실시한다.

■ 신문·잡지 서비스

준비된 Cart를 이용하여 승객탑승교에 비치, 승객이 직접 선택해 보도록 한다. 남은 신문과 잡지는 Magazine Rack에 종류별로 꽂아둔다. 승객의 탑승이 일시적으로 중단될 때에는 Cart의 신문을 가지런히 정돈한다.

■ Welcome Drink 서비스

상위 클래스에서는 신문, 잡지 서비스가 끝난 후 준비된 음료를 서비스한다.

■ Ship Pouch 인수

사무장은 지상직원으로부터 여객 및 화물운송 관련 Ship Pouch를 인수하여 내용물의 이상 유무를 확인한다. 이때 도착지 입국서류 탑재량 등을 점검하고 S.H.R을 인수한 후 담당 승무원에게 알려 서비스 시 활용하도록 한다.

 • S.H.R(Special Handling Request) / S.S.R(Special Service Request)
비행기에 탑승한 승객의 인적 사항, 특별식 등 특별한 서비스 요구사항 등의 정보를 표기한 List로서 대고객 서비스에 중요한 서류이다.

3) Door Close

사무장은 승객탑승 중 지상직원으로부터 탑승완료 시점을 통보받은 즉시 기장에게 알려 출발에 필요한 조치를 취하도록 한다. 승객탑승 완료 후 지상직원으로부터 승객과 화물, 운송 관련 서류를 인수받고 Door Close 연락을 받으면 기장에게 탑승승객 수, 특이사항 등을 보고한다. 지상직원의 기내 잔류 여부 및 Door 주변의 정리정돈 상태를 확인 후 Door를 Close한다.

Door Close 전에 다음과 같은 사항을 확인한다.

• 승무원 및 승객의 숫자 확인
• Ship Pouch의 이상 유무
• 지상직원의 잔류 여부
• 추가 서비스품목 탑재 여부
• Weight & Balance의 Cockpit 전달 여부

4) 이륙 전 안전점검 및 Slide Mode 변경

이륙 전 승객의 좌석 착석 여부, 이동 물질 고정, 비상구 주변 정리, 승객 짐 선반 닫힘 상태 등 안전에 저해되는 사항 등을 점검하고 또한 Slide Mode도 비상시 대처할 수 있도록 Door Close 후 Boarding Bridge 또는 Trap이 항공기와 분리된 직후 사무장의 방송에 따라 각 Door별로 승무원 좌석에 착석하는 담당 승무원이 Slide Mode의 변경을 실시한다.

■ 승무원의 이륙 준비사항

- 승객의 착석 및 좌석 등받이, Tray Table, Arm Rest
- 좌석벨트 착용상태 확인
- Door Side 및 Aisle의 승객 수하물 유동성 물건 고정
- Galley Curtain 및 유동성 물질 고정
- 모든 Compartment Locking 상태 확인
- 화장실 승객 사용 여부 및 화장실 내 Item 고정 등

5) Welcome 방송

Slide Mode 변경 직후에 방송 담당 승무원에 의해 기내 안내방송을 실시한다.

6) Safety Demonstration

Welcome 방송에 이어 객실승무원은 비행 안전 및 비상시에 대비한 구명복 및 산소 마스크의 사용법을 Film 혹은 실연으로 설명하고 시범하는 Safety Demonstration을 실시한다. 이는 항공규정에 의한 항공사의 의무규정이다.

■ 내용

- 금연
- 좌석벨트 사용법
- 비상탈출구 위치

- 구명복 위치 및 사용법
- 산소마스크 위치 및 사용법

■ Seat Belt Check

Demonstration이 끝난 후 여승무원은 Life Vest를 착용한 채로 담당 구역별로 비행안전에 대비 Aisle을 통과하여 승객의 벨트 착용을 확인한다. 야간 비행의 경우 이때 승객의 독서등을 켜드리는 것도 좋은 서비스이다.

7) 이륙 최종 준비

항공기의 이착륙 시 모든 승객 및 승무원들은 착석하여 좌석벨트를 반드시 착용 해야 하고, 야간비행 시에는 기내 조명을 Dim 상태로 하는 등 안전과 관련된 제반 사항을 철저히 수행해야 한다.

- Galley 준비
- Galley Light Control
- 담당 구역의 이륙준비를 전체적으로 재확인

■ 객실조명 조절

객실조명은 객실의 분위기 연출 및 비상탈출 시 외부환경의 적응에 중요한 역할 을 하므로 쾌적성 및 안전성을 충분히 고려하여 조절한다. 시점별로 적합한 객실 조명상태를 유지하되 조명 조절 시에는 각 Class별로 명도가 통일되도록 한다.

■ 승무원 착석

안전점검이 끝난 전 승무원은 담당 구역별로 각자의 기종별 지정 착석위치에 착석하며 좌석벨트와 Shoulder Harness를 반드시 착용한다.

3. 비행 중 업무

1) 일반적인 서비스 절차(Procedure)

서비스 프러시저는 비행 출발 시간대, 비행시간, 노선의 특성, 승객의 성향, 국적 등 여러 상황을 고려하여 미리 계획하여 짜여지며 승객을 위한 제반 서비스 내용들은 이러한 프러시저─일련의 순서를 기준으로 하여 승객들에게 제공된다.

2) 주요 서비스 프러시저의 유의사항

■ Earphone(Headphone) 서비스

Serving Cart를 이용하여 Zone별, 혹은 Aisle별로 서비스한다.

■ 음료(Beverage & Cocktail) 서비스

음료서비스 전 차게 서비스되어야 할 음료의 Chilling상태를 점검하고 Cocktail에 관한 충분한 지식을 갖고 서비스에 임한다.

■ 기내식(Wine, Coffee, Tea) 서비스

이때 특별식은 주문한 승객을 사전에 파악하여 일반 식사보다 먼저 준비, 서비스한다. 승무원은 Meal 서비스 전 Meal의 Heating상태를 확인하고 기내식의 메뉴를 숙지하여 승객에게 소개하고 선택하도록 한다. 서비스 기본원칙에 따라 서비스하며 Wine, 물, Coffee, Tea로 이어지는 전체 Meal 서비스의 흐름이 승객의 취식상태에 맞게 이어지도록 한다.

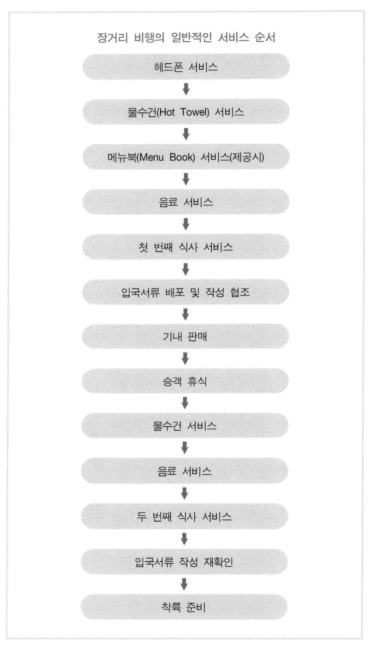

장거리 비행의 일반적인 서비스 순서

헤드폰 서비스

물수건(Hot Towel) 서비스

메뉴북(Menu Book) 서비스(제공시)

음료 서비스

첫 번째 식사 서비스

입국서류 배포 및 작성 협조

기내 판매

승객 휴식

물수건 서비스

음료 서비스

두 번째 식사 서비스

입국서류 작성 재확인

착륙 준비

※ 중·단거리 비행의 객실서비스는 장거리 비행의 서비스 순서를 축소 혹은 생략한 형태이다.

■ Meal Tray 회수

승객의 90% 정도가 식사를 끝냈을 때 회수하도록 하며 서비스 시와 반대로 통로 측 승객의 Tray부터 회수하고 식사가 진행 중인 승객에게 방해가 되지 않도록 한다.

■ 면세품 판매

판매 전 안내방송을 실시하며 해당 구간의 비행시간 및 서비스 절차를 감안하여 실시한다. 판매담당 승무원들은 Cart에 면세품을 준비하여 객실을 순회하며 구입을 원하는 승객에게 면세품을 판매한다. 기내 면세품 판매도 전체 객실서비스의 일부이나 휴식을 취하는 다른 승객에게 방해가 되지 않도록 진행하는 것이 바람직하다.

■ 영화 상영 및 승객 휴식

과거 항공사별로 장거리 비행시간에 따라 Short Subject 혹은 Feature Movie를 상영하였으나, 최근 대부분의 항공기에 AVOD(audio / video on demand)가 장착되어 승객 개인별 취향에 따라 영화, 음악 또는 게임 등을 즐길 수 있다.

이 시간에 일부 승객은 독서나 취침을 하게 되는데, 이때 승무원은 승객의 편안한 여행을 위해 다양한 형태의 세심한 서비스를 해야 한다. 즉 영화 상영 진행상황을 주의 깊게 점검하며 객실의 Walk Around를 통해 승객에 따라 음료나 취침을 위한 서비스 등 섬세한 승무원의 서비스가 빛나는 시간이다.

영화 상영 전에는 다음의 준비상태를 확인한 후 안내방송을 실시한다.

• 담당 구역별로 Light Control
• Headphone 재서비스
• AVOD 사용방법 및 Channel 안내

- 비행 중 무료한 승객에게 제공 가능한 오락용품을 적극적으로 제공한다.
- 승객의 취향 및 상황에 따라 음료, 베개, 모포 등을 제공한다.
- 항상 객실의 쾌적성 유지를 위해 조명 및 온도 조절을 하며 승객좌석 주변 및 Galley, 화장실 등을 수시로 점검하고 항상 청결하게 유지한다.
- 승객의 휴식을 위해 작업 시 소음에 유의한다.
- Aisle을 Walk Around 시 Flash Light를 사용한다.
- 승객이 휴식을 취하는 동안 화장실, Door Side, 객실 후방 등 안전취약지역을 수시 점검한다.

■ Crew Rest

비행시간이 10시간 이상인 직항편의 경우 승무원의 교대가 없을 때 사무장은 기내서비스 절차를 고려하여 Crew Rest를 2개조로 편성·운영한다. Crew Rest 중 승무원은 개인적인 여가활동을 할 수 없으며 다음 근무를 위해 충분한 휴식을 취해야 한다.

■ 입국서류 배포 및 작성 안내

승객의 입국 편의를 위해 항공기 도착 전 해당 도착국에 따라 필요한 입국서류를 승객에게 안내하고 배포하며 작성을 도와준다. 일반적으로 서류는 입국카드와 세관신고서이며 승객의 여행상태 및 수하물의 종류 등을 참조하여 정확하게 작성할 수 있도록 한다.

■ 착륙 준비

이륙준비와 동일하게 안전점검을 한다.

- Galley 정리정돈 및 승객 좌석벨트 착용 점검
- 객실에 비치된 물품 회수 및 정리
- 보관된 물품 반환
- Galley용품 인수인계 정리
- 입항서류 작성 확인
- 인수인계 준비
- 도착국가에 따른 서류 준비

4. 착륙 후 업무

1) Taxing 시 업무

- 착륙 후 Farewell 방송 실시
- 승객 위탁물 반환
- 승객 착석상태 유지
- 항공기 정지 후 기내 조명 조절

2) Door Open 시 유의사항

- Slide Mode 위치 변경 실시
- Fasten Seat Belt Sign Off 확인
- 지상직원의 Door Open 허가 Sign 및 Open
- C.I.Q 관계직원에 입항서류 제출
- Ship Pouch를 지상직원에게 전달함과 동시에 업무수행에 관한 필요사항 전달

> • Ship Pouch
> G/D, P/M, C/M, 승객 우편(passenger mail), TWOV(transit without visa) 승객 서류,
> 비동반소아(UM : unaccompanied minor) 서류, 기내접수 서류, 회사 서류 등

- 승객 하기는 공항 당국의 하기 허가를 받은 후 실시되어야 하며, 특히 후방 Door 개문에 유의해야 한다.
- Door는 일부 기종을 제외하고 비상사태 외에는 외부에서 지상직원이 Open하는 것을 원칙으로 한다.
- 사무장의 하기방송 실시

3) 승객 하기

승객 하기 시 승무원은 해당 클래스별, Zone별로 각자의 담당 구역에서 감사인

사를 드리고 하기가 순조롭게 진행되도록 협조한다.

승객 하기의 순서는 원칙적으로 다음과 같다.

- 응급환자(긴급한 의학적 조치가 필요한 승객)
- VIP, CIP
- 일등석 승객
- 비즈니스 승객
- U/M(비동반 소아)
- 운송제한 승객
- Stretcher 승객

그 밖에 짐이 많은 승객, 특수 승객의 하기에 협조하고 T.W.O.V 및 Deportee의 인수인계 및 Transit Station에서의 기내 대기 통과 여객 수 확인 등에도 유의한다.

4) 기내 점검 및 Debriefing

■ 기내 점검
- 승객 잔류 여부
- 승객 유실물 확인
- Slide Mode의 지상위치 재확인
- Squawk 사항 보고
- 인수인계품 유무 점검
- 기타 Station별로 특이사항 점검

■ Debriefing
- 승객 하기 후 사무장 주관 하에 객실전방 혹은 항공기 근처에서 등에서 Debriefing을 주관하여 실시한다. 주요 내용은 해당 편 비행 중 발생한 특이사항을 점검하고 비행 후의 업무내용을 확인하고 제반 문제점에 대한 상호 의견교환 등이다.

5) Layover 시 인수인계 및 서비스물품 주문

- Layover 시 물품의 하기 및 재탑재 시는 물품 List에 의거 승무원과 현지 지상직원 사이에 실시한다.
- 특히 기판품의 상이 여부를 정확히 점검한다.
- 부족한 서비스물품은 현지 Catering 직원에게 주문한다.
- 기본 탑재물품 및 주문품의 탑재를 확인한다.
- 귀국편의 경우 서비스물품을 기내에 지정된 위치 및 탑재원에게 최종적으로 인계

5. 비행근무 후의 처리사항

1) Cabin Report

승무원은 비행근무 중에 발생한 특이한 사항이나 업무수행상 개선이 필요하다고 판단되는 사항에 대해서 Report할 수 있다. 특히 비정상 상황 발생 시의 상황문제 및 조치사항 등을 정확하게 작성·보고하며 상용고객의 상세한 기록관리를 통해 항공사의 이미지 제고를 도모할 수 있다.

■ 내용
- 서비스 개선을 위한 제언
- 승객의 불평 및 건의사항
- 해외 체재 시의 발병·치료 시
- 기내서비스 문제 발생 시
- 지원업무 관련사항
- 비상사태 등 비정상적인 사건 발생 시

2) Cabin Log

항공기의 탑재근무 일지로서 객실승무원에 대한 비행시간, 비행수당 및 체재비의 산출근거가 된다. 또한 비행 중 발생한 기내 장비의 고장사항을 기록하는 일지로서 사무장이 기록하며, 어떠한 경우도 폐기되지 않도록 한다.

3) 기판품 인계 및 판매대금 입금

기판 담당 승무원은 판매일보를 작성기판 담당 직원에게 인수 및 항공기 도착 후 판매대금 입금 시 함께 제출하며 판매품 잔량을 기적 상황에 의거 지상직원에게 정확히 인계한다.

비행 중 승객 협조사항

안전하고 쾌적한 항공여행을 위해서 승객에게 제공되는 각종 서비스와 별도로 다음과 같이 승객이 지켜야 할 몇 가지 사항들이 있으며, 이러한 사항들은 승객의 안전을 위해서도 필수적이므로 승객들의 적극 협조가 이루어지도록 승무원들은 비행근무 시 다음 사항들을 유의해야 한다.

1. 금연수칙 준수

일반적으로 모든 항공기의 기내에서는 화장실을 포함, 모든 장소에서 절대 금연을 준수하여야 하며, 흡연 시 「항공법」에 의하여 처벌받을 수 있다.

2. 안전벨트 착용

항공기의 이착륙 시 또는 비행 중 객실 내 표지판에 좌석벨트 표시(Fasten Seat Belt Sign)가 켜졌을 경우, 승객은 반드시 좌석벨트를 착용해야 하며, 갑작스런 기류 변화로 인한 기체의 요동(Turbulence)에 대비하여 착석 중에는 가볍게 벨트를 매어 두는 것이 바람직하다.

3. 휴대수하물 보관

기내 선반 또는 좌석 밑에 들어갈 수 있는 크기로 3면의 합이 115cm 이하 1개로 규정된 규격 이상의 수하물은 기내 반입이 불가능하며, 비상시를 대비하여 제한 통로 및 비상구 근처에 수하물을 두어서는 안 된다. 또한 승객의 안전을 위해

딱딱한 가방이나 무겁고 깨질 위험이 있는 물건 등은 반드시 의자 밑에 보관해야한다.

4. 비상용 장비 숙지

만일의 비상사태에 대비하여 구비된 비상용 장비의 위치 및 사용법들을 사전에 숙지하고 본인 좌석에서 가까운 비상구의 위치를 파악하도록 한다.

5. 전자기기의 사용

저전압에서 작동하는 현대 항공기의 Digital 장비 특성으로 인해 기내에서 휴대용 전화기, 휴대용 TV 수신기, 무선호출기 등의 전기, 전자기기는 사용 시 전자파를 발생시켜 항공기 항행 및 통신장비에 장애를 일으킬 수 있으므로 비행 중 사용이 금지되어 왔으나, 비행기모드로 설정한 스마트폰 등 휴대용 전자기기의 사용이 항공기 이착륙을 포함한 모든 비행단계에서 가능해졌다.

6. 기타 유의사항

항공기 객실은 매우 협소한 공간이므로 안전운항을 위해 승객이 지켜야 할 규정 외에도 다음과 같은 기본 에티켓이 필요하다.

1) 좌석 주변
- 좌석의 등받이와 식사용 테이블 사용에 유의한다.
- 좌석 등받이는 항공기 이착륙 시 및 기내 식사 시는 원위치하도록 한다.
- 신발이나 양말을 벗고 통로를 다니는 것은 실례가 되는 행동이다.

- 장거리 비행의 경우 지루함으로 인해 자리를 자주 이동하는 승객의 경우 다른 승객의 휴식에 방해가 되지 않도록 한다.
- 기내에서 승무원의 도움이 필요한 경우 호출버튼을 이용하도록 한다.
- 항공기가 목적지에 착륙하게 되면 승무원의 별도 하기 안내가 있을 때까지 착석하도록 한다. 항공기의 이동 중 수하물이 선반 위에서 낙하하는 등 예상치 않은 일이 발생할 수도 있기 때문이다.

2) 식사 시

- 기내에서는 지상에서 보다 빨리 취하게 되므로 제공되는 알코올음료를 과음하지 않도록 한다.
- 기내에서 제공되는 식사 외에 외부의 음식을 준비하는 일이 없도록 한다.

3) 화장실 사용 시

- 안전벨트 착용 사인이 켜져 있는 동안 화장실 사용은 금지되어 있다.
- 남녀공용이므로 화장실에 들어가면 반드시 안에서 걸어 잠가야 한다.
- 화장실 사용 시 다른 승객에게 불편을 끼치지 않도록 청결히 한다.

7

운항통제와 안전관리

제1절 운항통제
제2절 안전관리

운항통제와 안전관리 07

수많은 항공 편이 정해진 스케줄에 따라 안전하게 운항하기 위해서는 다양한 정보와 인적 자원을 최적의 상태로 배분·운영하고 통제하기 위한 통합적인 의사결정 기능이 요구된다. 항공사는 이러한 기능을 수행하는 운항통제조직을 운영하여 절대 안전운항을 확보하고 고객만족도를 높이기 위해 노력한다.

1. 스케줄 계획과 운영

1) 스케줄의 중요성

스케줄은 고객이 항공사를 선택할 때 고려하는 첫 번째 요소로서 효율적으로 편성된 스케줄은 수입과 비용을 최적화하고 생산력과 경쟁력을 극대화하며 나아가서는 타 항공사와의 상품경쟁력을 유지하는 핵심적인 요소이다.

2) 스케줄 운영

정기편 항공사는 IATA 기준에 의거, 하계와 동계, 연 2회 스케줄을 편성 운영한다. 정기편 스케줄은 한 번 확정되고 나면 해당기간 동안 거의 변경하지 않는다. 또한 전세계약에 의한 전세편(Charter Flight), 정기편의 공급을 늘리기 위해 임시로 증편하는 임시편(Extra Flight) 등 부정기편도 운영한다.

- **■ 정기편 운영기간**
  - 하계 스케줄 : 매년 3월 마지막 일요일부터 동계 이전까지
  - 동계 스케줄 : 매년 10월 마지막 일요일부터 하계 이전까지

2. 운항관리

1) 운항관리의 정의

항공기의 출발이 임박한 시점에 갑작스런 기상의 악화나 정비상의 문제로 본래의 스케줄대로 운항하지 못하는 경우 등 돌발상황에 적절하게 대처하지 못할 경우, 승객의 불편을 초래함은 물론 안전운항이나 회사의 비용증가에 부담을 가져올 수 있다. 운항관리는 이러한 상황에서 안전하고 경제적이며 쾌적한 항공기 운항을 가능하게 하기 위해 항공기 안전운항에 필수적인 정보를 수집하여 운항 여부를 결정하고 비행계획(Flight Plan) 및 비행감시(Flight Watch)를 수행하는 것이다.

2) 운항관리의 주요 업무

- 출발, 도착공항과 항로상의 기상정보, 항공기 탑재중량 등 제반 운항정보를 수집, 분석한다.
- 수집된 운항정보를 토대로 실제 운항 여부를 판단한다.
- 여객과 화물예약을 근거로 예상 탑재중량을 산출한다.
- 시스템을 이용, 비행계획서(Flight Plan)를 작성한다.
- 해당 Flight 운항승무원에게 비행 전 모든 정보를 브리핑해 준다.
- 해당 Flight가 출발하여 목적지공항에 도착할 때까지 비행계획대로 안전하게

운항하는지를 감시(Flight Watch)하고, 비정상운항 시 운항승무원에게 통보한다.

• 비행이 완료된 후 해당편 운항승무원으로부터 비행에 관련된 모든 정보를 De-Briefing받는다.

항공기는 통계적으로 자동차, 기차, 선박 등 여타 운송수단과 비교 시 가장 사고 위험이 낮은 안전한 교통수단이다. 그러나 한 번 사고가 발생하면 많은 희생자를 낼 수밖에 없는 항공기 운송의 특성상 이용자들의 안전에 대한 우려는 언제나 상존한다. 항공기의 사고를 줄이고 안전한 항공기 운항을 위해 항공사는 물론 정부, 국제기구, 항공기 제조회사 등에서 다각적인 노력을 기울이고 있으며, 이러한 노력의 결과로 항공안전이 크게 개선되고 있다.

1. 안전기준의 설정 및 감독기능 강화

ICAO와 IATA를 중심으로 항공안전의 확보를 위해 항공안전의 최저기준으로 항공기 감항기준(airworthiness standards), 운항기준(operation standards), 그리고 그 밖의 필요한 기준을 설정하여 적용을 권장하고 있다. 또한 각국 정부는 「항공법」 등 법규에 안전기준을 설정하여 감독한다.

2. 항공사의 안전관리시스템(Safety Management System) 구축 의무

- ICAO는 모든 가입국가가 안전관리시스템(SMS)을 수립하여 일정한 수준의 안전을 확보할 것을 의무화하고 2009년 1월부터 국제표준으로 시행하고 있다.
- 대한민국 정부는 항공사, 공항, 관제기관 등 모든 항공서비스 제공자가 안전관리시스템(SMS) 구축 및 이행을 의무화하는 법안을 시행하고 있다.

3. 안전관리시스템(SMS)의 특성

안전과 관련된 조직, 정책과 절차, 책임사항에 조직적으로 접근 관리하는 것을 뜻하며 항공업무에 내재되어 있는 항공사고의 위험요소를 사전에 체계적이고 조직적으로 파악하고 관리하여 안전성능을 향상시키는 통합적 관리시스템이며 Systematic(시스템적), Proactive(예방적), Explicit(명확한)의 특성을 가진다.

안전관리스템(Safety Management System

전통적인 안전관리방식은 사고 또는 재난 발생 후의 관리에 집중되어 있었고, 잠재되어 있는 위험(Risk) 요인을 감소시키기에는 불충분하다는 우려가 대두됨에 따라 ICAO는 2006년부터 전통적인 안전관리체계에서 탈피하여 관찰을 통해 안전저해요소를 사전에 파악하고 이를 경감 또는 제거하는 적극적인 안전관리시스템(SMS)을 국제표준으로 채택하고 이의 구축을 위한 개념적인 틀을 제공하고 있다.

항공법 및 국제항공질서

제1절 항공법
제2절 국제항공의 질서
제3절 국제항공기구

항공법 및 국제항공질서

08

제1절 항공법

1. 정의

항공기의 운항 및 이용 그리고 항공으로 인해 발생되는 여러 법률관계를 규율하는 규범을 총칭하여 항공법이라고 하며 법률 제1226호에 근거한다.

2. 구성

총 10장 184개조 및 부칙으로 구성되어 있으며 각 장의 목차는 다음과 같다.

- 제1장 : 총칙
- 제2장 : 항공기
- 제3장 : 항공종사자
- 제4장 : 항공기의 운항
- 제5장 : 항공시설
- 제6장 : 항공운송사업 등

- 제7장 : 항공기취급업 등
- 제8장 : 외국항공기
- 제9장 : 보칙
- 제10장 : 벌칙

3. 목적

이 법은 「국제민간항공조약」 및 같은 조약의 부속서에서 채택된 표준과 방식에 따라 항공기가 안전하게 항행하기 위한 방법을 정하고, 항공시설을 효율적으로 설치·관리하도록 하며, 항공운송사업의 질서를 확립함으로써 항공의 발전과 공공복리의 증진에 이바지함을 목적으로 한다.

4. 주요 내용

노선면허 및 각종 인가사항에 관한 규정 외에 안전운항에 관한 사항들을 주요 내용으로 하고 있다.

1. 국제항공질서의 형성 배경

국제항공운송이란 2개국 이상이 복수 국가의 영역상의 공간에서 행하는 여객, 화물 또는 우편물의 운송을 위하여 국가 간 항공협정에 의해 합의된 노선과 공급(기종, 운항횟수)으로 국제 간 항공업무를 수행하는 행위이다. 국제항공관계는 국제항공운송에 기본이 되는 운수권 확보를 위하여 체결되는 국가 간의 항공협정 혹은 항공사 간의 상무협정을 다루게 된다.

국제항공질서 확립의 필요성은 국제교역이 증가함에 따라 국가 간 항공운송의 이해와 모순이 발생함으로써 대두되었다. 그리고 1919년 파리조약에서 국가 간 영공 주권주의의 개념이 적용되면서 영공 주권의 확립, 항공기의 국적 및 등록, 항공안전 등에 대한 중요 원칙을 규정함으로써 오늘날 국제항공관계 질서 형성의 초석이 되었다.

또한 1929년에 이루어진 바르샤바협약(Warsaw Convention)에서는 항공운송인의 유한책임을 인정하고 면책조건으로서 무과실이라는 입증책임을 항공운송인에게 전가하는 것을 규정하고 있다. 이 바르샤바협약에서는 국제항공운송에 대한 규칙을 제정하여 관광객 또는 화물의 화송인에 대한 운송인의 책임 등을 규정하였다.

그 후 제2차 세계대전 후에 급격한 민간항공의 발전으로 세계 각국은 민간항공의 국제항공운송을 통일적으로 규제할 필요성을 인식하였고, 1944년 시카고에서 52개국이 모여 국제민간항공운송의 기본질서와 원칙을 확립하기 위한 회의를 개최하였다. 이 회의에서 국제민간항공협약과 국제항공운송의 규범이 된 여러 협정과 형식을 채택한 시카고협약(Chicago Convention)을 이루었고, 향후 이러한 업무를 담당할 국제민간항공기구(ICAO)를 조직하고 또한 하늘의 자유에 대한 정의를 내렸다.

그러나 완전한 자유를 주장한 미국과 합리적 규제를 주장하는 영국 등 국가의 상반된 의견으로 세계적인 하늘의 자유보장은 합의에 도달하지 못하였다. 그 후 운수권에 대한 개별 국가 간의 합의가 요구됨에 따라 1946년 영국과 미국 간 버뮤다협정이 체결되었고, 이후 오늘날까지 양국 간 항공협정의 기본 모델이 되고 있다.

1950년대 이후 비약적인 성장을 해 온 국제항공운송은 1978년 미국의 항공사 규제완화법(Airline Deregulation Act)에 의해 항공사 간 경쟁이 심화되고, 이에 따른 항공요금의 하락으로 승객의 증가를 가져오면서 새로운 전기를 맞게 되었다. 최근에는 많은 국가가 이러한 항공 규제완화에 동참하여 항공자유화(open skies)정책을 시행하고 있으며, 한국도 1998년 한-미 항공자유화협정을 비롯해서 점진적인 규제철폐와 자유화 방향으로 정책을 추진하고 있다.

2. 하늘의 자유(The Freedom of the Air)

국제항공운수협정(International Air Transport Agreement)에 의한 하늘의 자유에 대한 정의는 다음과 같다.

Five Freedoms of Air : 1944년 Chicago 회의에서 상업항공기에 관해 성립된 원칙으로 5가지의 자유로 분류된다.

이후 세계적인 항공규제완화 추세에 따라 제9의 자유까지 등장하게 되었다.

1) 제1의 자유(Overflying)

영공통과, 즉 자국의 항공기가 상대국의 영역을 무착륙으로 횡단 비행할 수 있는 자유를 말한다.

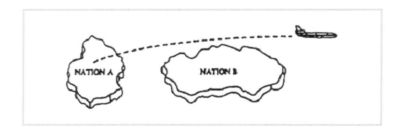

2) 제2의 자유(Non-traffic Stop)

자국의 항공기가 운송 외의 목적, 즉 교대, 급유, 정비 등 기술 착륙만을 위해 상대국의 영역에 착륙한 후 제3국으로 계속 비행할 수 있는 기술적 착륙권(Technical Landing)을 말한다.

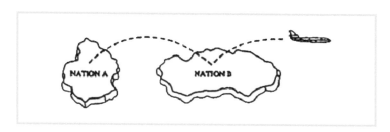

3) 제3의 자유(Set Down)

자국에서 탑재한 여객, 우편, 화물을 상대국의 영역에서 착륙(Disembarkation), 수송할 수 있는 자유, 즉 취항허가의 형태를 의미한다. 착륙 외에 상대국에서 운송을 목적으로 승객이나 화물을 실을 수는 없다.

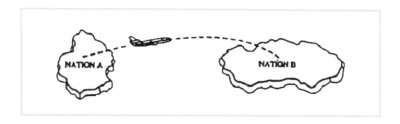

4) 제4의 자유(Bring Back)

상대국으로부터 자국의 영역으로 향하는 여객, 우편, 화물을 상대국의 영역에서 탑재·수송할 수 있는 자유를 말한다.

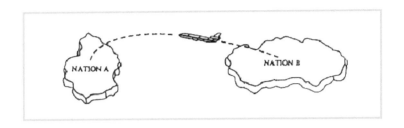

5) 제5의 자유(Between Two Foreign Points)

자국의 항공기가 상대국과 제3국 간에 여객, 우편, 화물을 수송할 수 있는 자유, 즉 이원권을 말한다.

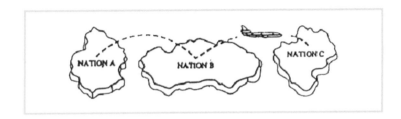

6) 제6의 자유

상대국으로부터 승객, 화물을 제3국으로 비행하는 도중에 자국영토에 착륙, 연결하여 운송할 수 있는 자유를 말한다.

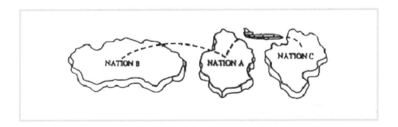

7) 제7의 자유

제6의 자유에서 항공기가 자국을 중간 기착하지 않고 상대국과 제3국 간만을 왕래, 여객과 화물을 수송하는 자유를 말한다.

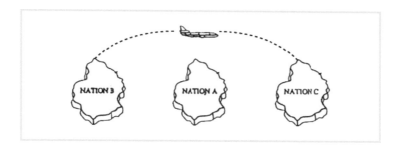

8) 제8의 자유

상대국 영토 밖에서 출발하는 국제선 운송서비스와 연계하여 상대국 국내지점 간의 여객화물을 수송하는 자유를 말한다(Consecutive Cabotage).

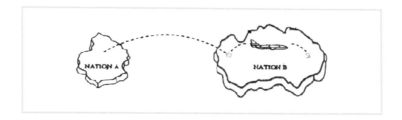

9) 제9의 자유

상대국 내에서만 운항하며 상대국 내 지점 간의 여객과 화물을 수송하는 자유를 말한다(Stand-alone Cabotage).

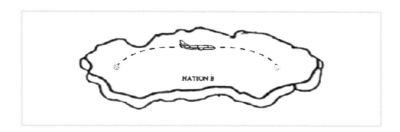

1. 국제항공운송협회(IATA : International Air Transport Association)

1) 설립

국제항공운송협회는 1919년 헤이그에서 창설된 국제항공운송협회(International Air Traffic Association)를 전신으로 하고 있다.

제2차 세계대전 이후 확대된 항공운송의 비약적인 발전에 따른 국제민간항공질서에 대응하기 위해 국가 간 이해관계 조정 및 항공운송에 예상되는 각종 절차의 표준화를 목적으로 설립한 순수 민간의 국제협력기구로서 ICAO(International Civil Aviation Organization)의 협의기구이자 준공공적인 국제민간 항공운송기구이다.

1945년 쿠바의 아바나에서 58개 회원사의 서명으로 정관을 채택하고 캐나다 의회의 특별법에 의해 법인인가를 받음으로써 정식으로 설립되었다. 본부는 캐나다의 몬트리올에 두고 있으며, 현재 회원(항공사 단위)은 130여 개국 270여 항공사들이 가입되어 있다.

2) 목적 및 활동사항

세계 각국의 민간항공회사 간의 국제기구 단체로서 전 세계인의 이익을 위하여 정기적이며 경제적인 항공운송을 촉진하고 상업항공산업을 육성하며 그와 관련된 문제를 연구하며, 국제항공사업에 직·간접적으로 종사하고 있는 기업 간의 협력을 위한 수단을 제공, 항공사 간의 공동문제 해결을 모색하는 데 있다.

IATA가 수행하는 주요 기능은 항공운임의 결정, IATA 규정 제정에 있으며, 특히 IATA 운송회의에서 결정되는 운임 및 서비스의 조건, 운송절차, 대리점에 관한 규정 등은 전 세계 IATA 항공사와 대리점에 대하여 구속력을 가지고 있으며 각국 정부는 이를 인정하고 있다. 또한 IATA는 항공사 간 Interline판매대금정산을 위하여 IATA Clearing House를 운영하고 있다.

2. 국제민간항공기구(ICAO : International Civil Aviation Organization)

1) 설립

1944년 미국 시카고회의에서 52개국 대표가 참석하여 본 기구의 설립을 결정하였고 '국제민간항공조약'(일명 시카고협약)을 26개국이 비준함으로써 이를 기초로 하여 1947년 4월에 발족되어, 같은 해 5월에 국제연합의 전문기구 중 하나가 되었다. 회원은 국가단위로 구성되며 본부는 캐나다 몬트리올에 있다. 2011년 현재 191개국이 가입하고 있다.

2) 목적 및 활동사항

시카고협약 44항에 의해 국제민간항공 및 항공운송의 발전과 안전을 도모하고 국제민간항공의 건전한 운영을 위해 성립된 각국 정부 간의 국제항공기구이다.

- 평화적 목적으로 항공기 설계와 운항기술의 장려
- 항공로, 공항 및 항공보안 시설의 장려
- 전 세계 민간항공의 안전, 정확, 능률적 항공운송 촉진
- 불필요한 경쟁으로 인한 경제적 낭비의 방지
- 체약국의 국제항공기업 육성에 공정한 기회 부여
- 비행의 안전을 증진
- 국제민간항공의 전 분야에 대한 발전 촉진

3. 동양항공사협회(AAPA : Association of Asia Pacific Airlines)

1) 설립

1966년 아시아지역 6개 항공사의 사장 모임에서 항공사 간의 협력을 목적으로 기구의 창설이 입안되어 1966년 9월 30일 동양항공회사연구소 OARB(Orient Airlines Research Bureau)가 창설되었으며, 1970년 OAA로 개칭되었다가 지금은

AAPA로 변경되었다. 현재 사무국 소재지는 말레이시아 쿠알라룸푸르이며 2010년 현재 아시아·태평양 지역의 총 15개 항공사가 회원으로 가입되어 있다.

2) 목적 및 활동사항

동양지역 항공사 간 항공운송업의 발전을 도모하고 이 지역 내 항공운송상의 모든 문제에 대해 협의하며, 회원항공사 간 협력 강화 및 과다한 경쟁을 방지하고 민간항공사업을 촉진함으로써 공동이익 추구를 위한 제반적인 토의 광장을 마련하는 데 있다.

부록

주요 항공용어 및 약어

A

ACL (Allowable Cabin Load)
객실 및 화물실에 탑재 가능한 최대 중량으로서 이착륙 시의 기상조건, 활주로의 길이,
비행기의 총 중량 및 탑재연료량 등에 의해 영향을 받는다.

APIS (Advance Passenger Information System)
출발지 공항 항공사에서 예약/발권 또는 탑승수속 시 승객에 대한 필요 정보를 수집, 미
법무부/세관 당국에 미리 통보하여 미국 도착 탑승객에 대한 사전 점검을 가능케 함으로써
입국심사 소요시간을 단축시키는 제도

Apron
주기장 공항에서 여객의 승강, 화물의 적재 및 정비 등을 위해 항공기가 주기하는 장소

APU (Auxiliary Power Unit)
항공기 뒷부분에 달려 있는 보조 동력장치로서 외부 동력지원이 없을 때 자체적으로 전원을
공급할 수 있는 장치

ARS (Audio Response System)
국내선, 국제선 항공기의 당일 정상운항 여부 및 좌석 현황을 전화로 알아볼 수 있는 자동
음성응답 서비스

ASP (Advance Seating Product)/**ASR** (Advance Seating Reservation)
항공편 예약 시 원하는 좌석을 미리 예약할 수 있도록 하는 사전 좌석 배정제도

ATB (Automated Ticket and Boarding Pass)
탑승권 겸용 항공권으로서 Void Coupon 없이 실제 항공권만 발행한다.

ATC Holding (Air Traffic Control Holding)
공항의 혼잡 또는 기타 이유로 관제탑의 지시에 따라 항공기가 지상에서 대기하거나 공중에
서 선회하는 것

ATD (Actual Time of Departure)
실제 항공기 출발시간

ATA (Actual Time of Arrival)
실제 항공기 도착시간

AWB (Air Waybill)
송하인과 항공사 간에 화물 운송계약 체결을 증명하는 서류

B

Baby Bassinet
기내용 유아요람으로 항공기 객실 내부 각 구역 앞의 벽면에 설치하여 사용한다.

Baggage Claim Tag
위탁수하물의 식별을 위해 항공회사가 발행하는 수하물 증표

Block Time
항공기가 자력으로 움직이기 시작(Push Back)해서부터 다음 목적지에 착륙하여 정지
(Engine Shut Down)할 때까지의 시간

Boarding Pass
탑승권

Bond
외국에서 수입한 화물에 대해서 관세를 부과하는 것이 원칙이나 그 관세징수를 일시 유보하
는 미통관 상태를 말한다.

Bonded Area
보세구역

Booking Class
기내에서 동일한 Class를 이용하는 승객이라 할지라도 상대적으로 높은 운임을 지불한
승객에게 수요 발생시점에 관계없이 예약 시 우선권을 부여하고자 하는 예약등급

Bulk Loading
화물을 ULD를 사용하지 않고 낱개상태로 직접 탑재하는 것

Cancellation
목적지 기상의 불량, 기재의 고장, 결함의 발견 또는 예상 등으로 사전 계획된 운항 편을
취소하는 것

Cargo Manifest (CGO MFST)
화물 적하목록. 관계당국에 제출하기 위해 탑재된 화물의 상세한 내역을 적은 적하목록으로
서 주요 기재사항으로는 항공기 등록번호, Flight Number, Flight 출발지, 목적지, Air
Waybill Number, 화물의 개수, 중량, 품목 등이다.

Catering
기내에서 서비스되는 기내식 음료 및 기내용품을 공급하는 업무.
항공회사 자체가 기내식 공장을 운영하며 Catering을 행하는 경우도 있으나 대부분은
Catering 전문회사에 위탁하고 있다.

Carry-on Baggage
기내 반입 수하물

Charter Flight
공표된 스케줄에 따라 특정구간을 정기적으로 운항하는 정기편 항공운송과 달리 운항구간,
운항시기, 운항스케줄 등이 부정기적인 항공운송 형태를 말한다.

C.I.Q.
Customs(세관), Immigration(출입국), Quarantine(검역)의 첫 글자로 정부기관에 의한 출입
국 절차의 심사를 의미한다.

CHG
Change의 약어

CIS (Central Information System)
여행에 필요한 각종 정보 및 기타 예약업무 시 참고사항을 Chapter & Page화하여 수록한
종합여행정보시스템으로 General Topic Chapter와 City Chapter로 구성

CM (Cargo Manifest)
관계당국에 제출하기 위해 항공기 등록번호, 비행 편수, 출발지 목적지, 화물개수, 중량,
품목 등 탑재된 화물의 상세한 내역을 나타내는 적하목록

Conjunction Ticket
한 권의 항공권에 기입 가능한 구간은 4개 구간이므로 그 이상의 구간을 여행할 때에는
한 권 이상의 항공권으로 분할하여 기입하게 되는데 이러한 일련의 항공권을 말한다.

CRS (Computer Reservation System)
항공사가 사용하는 예약 전산시스템으로서, 단순 예약기록의 관리뿐 아니라 각종 여행정보
를 수록하여 정확하고 광범위한 대고객 서비스를 가능케 한다.

CRT (Cathode Ray Tube)
컴퓨터에 연결되어 있는 전산장비의 일종으로 TV와 같은 화면과 타자판으로 구성되어 있으며
Main Computer에 저장되어 있는 정보를 즉시 Display해 보거나 필요한 경우 입력도 가능하다.

CTC
Contact의 약어

DBC (Denied Boarding Compensation)
해당 항공 편의 초과예약 등 자사의 귀책사유로 인하여 탑승이 거절된 승객에 대한 보상제도

Declaration of Indemnity
동반자 없는 소아 관광객, 환자, 기타 면책사항에 관한 항공회사에 만일의 어떠한 경우에도
책임을 묻지 않는다는 요지를 기입한 보증서

Deportee (DEPO)
강제추방자. 합법, 불법을 막론하고 일단 입국한 후 관계당국에 의해 강제로 추방되는 승객

De-icing (DCNG)
항공기 표면의 서리, 얼음, 눈 등을 제거

Dispatcher

운항관리사. 항공기의 안전운항을 위해 항공기 출발 전에 기상조건이나 비행항로 상의 모든 운항정보를 수집, 비행계획을 수립하여 기장의 합의를 받는다. 비행 중에는 항공기의 위치 통보를 지켜보면서 운항사정을 파악하고 비행의 종료에 이르기까지 안전운항을 위한 역할을 한다.

Diversion

목적지 변경. 목적지의 기상불량 등으로 다른 비행장에 착륙하는 것을 말한다. 이는 출발지로 돌아오는 경우는 아니다.

E

E/D Card (Embarkation/Disembarkation Card)
출입국 신고서(기록카드)

Embargo
어떤 항공회사가 특정 구간에 있어 특정 여객 및 화물에 대해 일정기간 동안 운송을 제한 또는 거절하는 것을 말한다.

Endorsement
항공사 간 항공권에 대한 권리를 양도하기 위한 행위

ETA (Estimated Time of Arrival)
도착 예정시간

ETD (Estimated Time of Departure)
출발 예정시간

Excess Baggage Charge
무료 수하물량을 초과할 경우 부과되는 수하물 요금

Express Service
소형화물 특송 서비스

Extra Flight
현재 취항 중인 노선에 정기편이 아니고 추가된 Flight

F

Ferry Flight
유상 탑재물을 탑재하지 않고 실시하는 비행을 말하며 항공기 도입, 정비, 편도 전세 운항 등이 이에 속한다.

First Aid Kit
기내에 탑재되는 응급처치함

FOC (Free of Charge)
무료로 제공받은 Ticket으로 SUBLO와 NO SUBLO로 구분된다.

Forwarder
항공화물 운송대리점(인)

Free Baggage Allowance
여객운임 이외에 별도의 요금 없이 운송할 수 있는 수하물의 허용량

G

G/D (General Declaration)
항공기 출항허가를 받기 위해 관계기관에 제출하는 서류의 하나로 항공 편의 일반적 사항, 승무원의 명단과 비행상의 특기사항 등이 기재되어 있다.

Give Away
기내에서 탑승객에게 제공되는 탑승기념품

G/H (Ground Handling)
지상조업. 항공화물, 수하물 탑재, 하역작업 및 기내청소 등의 업무

Ground Time
한 공항에서 어떤 항공기가 Ramp-In해서 Ramp-Out하기까지의 지상체류 시간

GRP
Group의 약어

GSH (Go Show)
예약이 확정되지 않은 승객이 해당 비행 편의 잔여좌석 발생 시 탑승하기 위해 공항에 나오는 것

GPU (Ground Power Unit)
지상에 있는 비행기에 외부로부터 전력을 공급하기 위해 교류발전기를 실은 전원장치

GTR (Government Transportation Request)
공무로 해외여행을 하는 공무원 및 이에 준하는 사람들에 대한 할인 및 우대 서비스를
말하며 국가적인 차원에서 국적기 보호육성, 정부 예산절감, 외화 유출방지 등의 효과가
있다.

GMT (Greenwich Mean Time)/**UTC** (Universal Time Coordinated)
영국 런던 교외 Greenwich를 통과하는 자오선을 기준으로 한 Greenwich 표준시를 0으로
하여 각 지역 표준시와의 차를 시차라고 한다.
최근 GMT를 협정세계시 UTC로 대체하여 호칭한다.

H

Hangar
항공기의 점검 및 정비를 위해 설치된 항공기 주기 공간을 확보한 장소로 격납고를 의미한다.

I

IATA (International Air Transportation Association)
세계 각국 민간항공회사의 단체로 1945년에 결성되어 항공운임의 결정 및 항공사 간 운임
정산 등의 업무를 행한다. 본부는 캐나다의 몬트리올에 있다.

ICAO (International Civil Aviation Organization)
국제연합의 전문기구 중 하나로 국제민간항공의 안전유지, 항공기술의 향상, 항공로와 항공
시설의 발달, 촉진 등을 목적으로 1947년에 창설되었다. 한국은 1952년에 가입하였으며
본부는 캐나다의 몬트리올에 있다.

In Bound/Out Bound
임의의 도시 또는 공항을 기점으로 들어오는 비행 편과 나가는 비행 편을 일컫는다.

Inadmissible Passenger (INAD)

사증 미소지, 여권 유효기간 만료, 사증목적 외 입국 등 입국자격 결격사유로 입국이 거절된 여객을 말한다. 이미 입국한 다음에 추방되는 Deportee와 의미에 차이가 있다.

Inclusive Tour (IT)

항공요금, 호텔비, 식비, 관광비 등을 포함하여 판매되고 있는 관광을 말하며 Package Tour 라고도 한다.

IRR

Irregular의 약어

Itinerary

여정. 여객의 여행개시부터 종료까지를 포함한 전 구간

Joint Operation

영업효율을 높이고 모든 경비의 합리화를 도모하며 항공협정상의 문제나 경쟁력 강화를 위하여 2개 이상의 항공회사가 공동 운항하는 것

L/F (Load Factor)

공급좌석에 대한 실제 탑승객의 비율(탑승객 전체 공급좌석 100)

M

MAS (Meet & Assist Service)

VIP, CIP 또는 Special Care가 필요한 승객에 대한 공항에서의 영접 및 지원 업무

MCO (Miscellaneous Charges Order)

제비용 청구서. 추후 발행될 항공권의 운임 또는 해당 승객의 항공여행 중 부대서비스 Charge를 징수한 경우 등에 발행되는 지불증표

MCT (Minimum Connection Time)
특정 공항에서 연결편에 탑승하기 위해 연결편 항공기 탑승 시 소요되는 최소시간

NIL
Zero, None의 의미

NRC (No Record)
항공기 단말기상에 예약기록이 없는 상태

NSH (No Show)
예약이 확정된 승객이 당일 공항에 나타나지 않는 경우

NO SUBLO (No Subject to Load)
무상 또는 할인요금을 지불한 승객이지만 일반 유상승객과 같이 좌석예약이 확보되는 것을 말한다.

OAG (Official Airline Guide)
OAG사가 발행하는 전 세계의 국내·국제선 시간표를 중심으로 운임, 통화, 환산표 등 여행에 필요한 자료가 수록된 간행물. 수록된 내용은 공항별 최소 연결시간, 주요 공항의 구조시설물, 항공업무에 사용되는 각종 약어, 공항세 및 Check-in 유의사항, 수하물 규정 및 무료 수하물 허용량 등이다.

Off Line
자사 항공 편이 취항하지 않는 지점 또는 구간

On Line
자사가 운항하고 있는 지점 또는 구간

Overbooking
특정 비행 편에 판매가능 좌석 수보다 예약자의 수가 더 많은 상태. 즉 No-Show 승객으로 인한 Seat Loss를 방지하여 수입제고를 도모하며 고객의 예약기회 확대를 통한 예약 서비

스 증대를 위해 실제 항공기 좌석 숫자보다 예약을 초과하여 받는 것을 말한다. Overbooking률은 오랜 기간 동안의 평균 No-Show율, 과거 예약의 흐름, 단체 예약자 수, 예약 재확인을 실시한 승객 수 등을 고려하여 결정·운영된다.

P

Payload
유상 탑재량. 실제로 탑승한 승객, 화물, 우편물 등의 중량이다. 그 양은 허용 탑재량(ACL)에 의해 제한된다.

PNR (Passenger Name Record)
승객의 예약기록번호

Pouch
Restricted Item, 부서 간 전달 서류 등을 넣는 Bag으로 출발 전 사무장이 운송부 직원에게 인수받아 목적지 공항에 인계한다.

Pre Flight Check
객실승무원이 승객탑승 전 담당 임무별로 객실 안전 및 기내서비스를 위해 준비하는 시간으로 비상장비, 서비스 기물 및 물품 점검, 객실의 항공기 상태 등을 확인·준비하는 것을 말한다.

PSU (Passenger Service Unit)
승객 서비스 장치

PTA (Prepaid Ticket Advice)
타 도시에 거주하는 승객을 위하여 제3자가 항공운임을 사전에 지불하고 타 도시에 있는 승객에게 항공권을 발급하는 제도

Push Back
항공기가 주기되어 있는 곳에서 출발하기 위해 후진하는 행위로 항공기는 자체의 힘으로 후진이 불가능하므로 Towing Car를 이용하여 후진한다.

R

Ramp
항공기 계류장

Ramp-out
항공기가 공항의 계류장에 체재되어 있는 상태에서 출항하기 위해 바퀴가 움직이기 시작하는 상태

Reconfirmation
여객이 항공 편으로 어느 지점에 도착하였을 때 다음 탑승편 출발 시까지 일정시간 이상이 경과할 경우 예약을 재확인하도록 되어 있는 제도

Refund
사용하지 않은 항공권에 대하여 전체나 부분의 운임을 반환하여 주는 것

Replacement
승객이 항공권을 분실하였을 경우 항공권 관련사항을 접수 후 항공사 해당점소에서 신고사항을 근거로 발행점소에서 확인 후 항공권을 재발행하는 것

R/I (Restricted Item)
기내반입 불가 물품

S

SRI (Security Removed Item)
승객의 휴대수하물 중 보안상 문제가 될 수 있는 Item으로 기내 반입이 불가하다(우산, 골프채, 칼, 가위, 톱, 건전지 등).

Seat Configuration
기종별 항공기에 장착되어 있는 좌석의 배열

Segment
항공운항 시 승객의 여정에 해당되는 모든 구간

SHR (Special Handling Request)
특별히 주의를 요해 Care해야 하는 승객으로 운송부 직원으로부터 Inform을 받는다.

Simulator
조종훈련에 사용하는 항공기 모의 비행장치로서 항공기의 조종석과 동일하게 제작되어 실제 비행훈련을 하는 것과 같은 효과를 얻을 수 있다.

SKD
Schedule의 약어

Squawk
비행 중에 고장이 있다든지 작동상 이상한 부분이 있으면 승무원은 항공일지에 그 결함상태를 기입하여 정비사에게 인도하게 되는데 이것을 Squawk이라고 한다.

STA (Scheduled Time of Arrival)
공시된 Time Table상의 항공기 도착 예정시간

STD (Scheduled Time of Departure)
공시된 Time Table상의 항공기 출발 예정시간

Stopover
여객이 적정 운임을 지불하여 출발지와 종착지 간의 중간지점에서 24시간 이상 체류하는 것을 의미하며, 요금 종류에 따라 도중 체류가 불가능한 경우가 있다.

Stopover on Companys Account
연결편 승객을 위한 우대서비스로서 승객이 여정상 연결편으로 갈아타기 위해 도중에서 체류해야 할 경우 도중 체류에 필요한 제반 비용을 항공사가 부담하여 제공하는 서비스

SUBLO (Subject to Load)
예약과 상관없이 공석이 있는 경우에만 탑승할 수 있는 무임 또는 할인운임 승객의 탑승조건(항공사 직원 등)

T

Tariff
항공관광자 요금이나 화물요율 및 그들의 관계 규정을 수록해 놓은 요금요율책자

Taxiing
Push Back을 마친 항공기가 이륙을 위해 이동하는 행위로 그 경로를 Taxi Way라고 한다.

Technical Landing
여객, 화물 등의 적하를 하지 않고 급유나 기재 정비 등의 기술적 필요성 때문에 착륙하는 것

TIM (Travel Information Manual)
승객이 해외여행 시 필요한 정보, 즉 여권, 비자, 예방 접종, 세관 관계 등 각국에서 요구하는 규정이 철자 순으로 수록되어 있는 소책자. 각국의 출입국 절차 및 입국 시 준비서류 등을 종합적으로 안내하는 책자로 국제선 항공 편의 기내에 비치되어 있다.

TIMATIC
TIM을 전산화한 것으로서, 고객이 필요한 정보를 Update된 상황에서 신속히 제공하기 위함. TIMATIC은 여러 가지 분류기호에 따라 필요부분을 볼 수 있으며, 크게 Full Text Data Base와 Specific Text Data Base의 두 부분으로 구분

Transfer
여정상의 중간지점에서 여객이나 화물이 특정 항공사의 비행 편으로부터 동일 항공사의 다른 비행 편이나 타 항공사의 비행 편으로 바꿔타거나 전달되는 것

Transit
여객이 중간 기착지에서 항공기를 갈아타는 것

TTL (Ticketing Time Limit)
매표 구입시한. 항공권을 구입하기로 약속된 시점까지 구입하지 않은 경우 예약이 취소될 수 있다.

TWOV (Transit without Visa)
항공기를 갈아타기 위하여 짧은 시간 체재하는 경우에는 비자를 요구하지 않는 경우를 말한다.

ULD (Unit Load Device)
Pallet, Container 등 화물(수하물)을 항공기에 탑재하는 규격화된 용기

UM (Unaccompanied Minor)
성인의 동반 없이 혼자 여행하는 유아나 소아.
각 항공사마다 규정이 상이하기는 하나 통상 국제선 5세 이상~12세 미만, 국내선 5세 이상~13세 미만이다.

Upgrade
상급 Class에의 등급변화를 일컬으며 관광객의 의사에 따라 행하는 경우와 회사의 형편상 행하는 경우가 있으며, 후자의 경우 추가요금 징수가 없다.

Void
취소표기. AWB나 Manifest 등의 취소 시 사용되는 표기

VWA (Visa Waiver Agreement)
양국 간에 관광, 상용 등 단기 목적으로 여행 시 협정체결국가에 비자 없이 입국이 가능하도록 한 협정

VWP (Visa Waiver Program)
미국 입국규정에 의거, 협정을 맺은 국가의 국민이 VWP 요건을 충족하여 미국 입국 시 미국 비자 없이도 입국 가능토록 한 일종의 단기 비자면제협정

W/B (Weight & Balance)
항공기의 중량 및 중심 위치를 실측 또는 계산에 의해 산출하는 것을 말한다.

Winglet
비행기의 주날개 끝에 달린 작은 날개. 미국항공우주국(NASA)의 R. T. 위트컴이 고안하였는데, 비행기의 주날개 끝에 수직 또는 수직에 가깝게 장치한다. 날개 끝에서 발생하는 소용돌이로 인한 유도항력(誘導抗力)을 감소시킴과 동시에 윙릿에서 발생하는 양력(揚力 : lift)을 추력(推力 : thrust)성분으로 바꾸어 항력(drag)을 감소시키는 것으로, 연료 절감에도 큰 효과가 있을 것으로 기대되고 있다.

국제민간항공기구의 음성알파벳(ICAO Phonetic Alphabet)

일반적으로 항공사에서는 예약업무 시 전화상의 영문자 소통 및 운송업무 시 Seat No.와 관련하여 확실한 의사소통을 위해 주로 국제민간항공기구(ICAO)가 권장하는 음성알파벳을 사용하게 되는데 그 내용은 다음과 같다.

Letter	Phonetic Alphabet	Letter	Phonetic Alphabet
A	Alfa	N	November
B	Bravo	O	Oscar
C	Charlie	P	Papa
D	Delta	Q	Quebec
E	Echo	R	Romeo
F	Foxtrot	S	Sierra
G	Golf	T	Tango
H	Hotel	U	Uniform
I	India	V	Victor
J	Juliett	W	Whisky
K	Kilo	X	X-ray
L	Lima	Y	Yankee
M	Mike	Z	Zulu

각 도시 및 공항 Code

국제항공운송협회(IATA)에서는 비행기가 운항하는 세계의 각 도시와 공항을 3자리(3-letter)로 암호화하여 도시코드와 공항코드를 만들었다. 각 도시에 공항이 1개만 있는 경우 도시코드와 공항코드가 같지만 공항이 1개 이상 있는 도시에는 각각의 공항코드가 여러 개 있다.

1. 국내선 도시/공항 Code

도시명	도시 · 공항Code	도시명	도시 · 공항Code
서울	SEL(GMP/ICN)	부산	PUS
제주	CJU	양양	YNY
광주	KWJ	대구	TAE
울산	USN	포항	KPO
진주	HIN	군산	KUV
청주	CJJ	여수	RSU
무안	MWX	원주	WJU

2. 국제선 도시/공항 Code

• 일본 지역

도시명	도시Code(공항Code)	도시명	도시Code(공항Code)
Tokyo	TYO(NRT, HND)	Sapporo	SPK(CTS)
Osaka	OSA(ITM, KIX)	Okayama	OKJ
Nagoya	NGO	Kagoshima	KOJ
Hiroshima	HIJ	Nagasaki	NGS
Takamatsu	TAK	Aomori	AOJ
Toyama	TOY	Sendai	SDJ
Komatsu	KMQ	Kumamoto	KMJ
Okinawa	OKA	Oita	OIT
Fukuoka	FUK	Nigata	KIJ

• 중국/러시아

도시명	도시Code(공항Code)	도시명	도시Code
Beijing	BJS(PEK)	Tianjin	TSN
Guangzhou	CAN	Harbin	HRB
Shanghai	SHA(Hongchao) PVG(Putong)	Qingdao	TAO
Changchun	CGQ	Macau	MFM
Shenyang	SHE	Hong Kong	HKG
Sanya	SYX	Tashkent	TAS
Ulan Bator	ULN	Khabarovsk	HKV
Vladivostok	VVO	Krasnoyarsk	KJA

• 동남아 지역

도시명	도시Code(공항Code)	도시명	도시Code(공항Code)
Jakarta	JKT(CGK)	Denparsar	DPS
Mumbai	BOM	Delhi	DEL
Singapore	SIN	Kuala Lumpur	KUL
Bangkok	BKK	Phuket	HKT
Hanoi	HAN	Taipei	TPE
Saipan	SPN	Ho Chi Minh	SGN

• 대양주 지역

도시명	공항Code	도시명	공항Code
Auckland	AKL	Christchurch	CHC
Brisbane	BNE	Sydney	SYD
Guam	GUM	Cairns	CNS
Saipan	SPN	Fiji	NAN

• 미주 지역

도시명	도시Code(공항Code)	도시명	도시Code(공항Code)
Los Angeles	LAX	Anchorage	ANC
New York	NYC (JFK, EWR, LGA)	Boston	BOS
Honolulu	HNL	Atlanta	ATL
Chicago	CHI(ORD)	Denver	DEN
San Francisco	SFO	Vancouver	YVR
Washington D.C	WAS(IAD, DCA)	Toronto	YYZ
Dallas	DFW	Sao Paulo	SAO(GRU)

• 구주/중동 지역

도시명	도시Code(공항Code)	도시명	도시Code(공항Code)
Paris	PAR (CDG, ORY)	Madrid	MAD
London	LON (LHR, LGW)	Moscow	MOW (SVO)
Rome	ROM (FCO)	Cairo	CAI
Frankfurt	FRA	Bahrain	BAH
Zurich	ZRH	Tel Aviv	TLV
Brussels	BRU	Vienna	VIE
Tripoli	TIP	Istanbul	IST
Amsterdam	AMS (SPL)	Jeddah	JED

▌주요 항공사Code

항공사	항공사Code	항공사	항공사Code
Aeroflot-Russian International Airlines	SU	Air Canada	AC
Air China	CA	Air France	AF
Air India	AI	Alitalia Airlines	AZ
All Nippon Airways	NH	American Airlines	AA
Air New Zealand	NZ	British Airways	BA
Cathay Pacific Airways	CX	Continental Airlines	CO
China Eastern Airlines	MU	China Airlines	CI
China Southern Airlines	CZ	China Northern Airlines	CJ
Delta Airlines	DL	Finnair	AY
Garuda Indonesia	GA	Japan Airlines	JL
JetBlue Airways	B6	KLM-Royal Dutch Airlines	KL
Krasnoyarsk Airlines	7B	Lufthansa Airlines	LH
Malaysia Airline System	MH	Miat Mongolian Airlines	OM
Northwest Airlines	NW	Philippine Airlines	PR
Qantas Airways	QF	Southwest Airlines	WN
Singapore Airlines	SQ	Sakhalinskie Aviatrassy Airlines	HZ
Saudi Arabian Airlines	SV	Scandinavian Airlines System	SK
United Airlines	UA	Thai Airways International	TG
Biman Bangladesh Airlines	BG	Uzbekistan Airways	HY
Vladivostok Air	XF	Vietnam Air	VN
Air Busan	BX	Asiana Airlines	OZ
Air seoul	RS	Eastar Jet	ZE
Jin Air	LJ	Jeju Air	7C
T'way Airways	TW	Korean Air	KE

참 고 문 헌

김경숙, 항공서비스론, 백산출판사, 2003.

김명신 외, 항공업무론, 학문사, 2005.

김성혁·조인환, 항공실무론, 백산출판사, 2001.

박혜정, 항공객실업무, 백산출판사, 2014

윤대순, 항공실무론, 백산출판사, 2003.

이유재, 서비스마케팅, 학현사, 2001.

전약표 외. 항공운송론, 새로미, 2017

전약표 외. 항공사경영론, 새로미, 2017

허희영, 항공관광업무론, 명경사, 2005.

대한항공, 운항훈련교재.

대한항공, 정비훈련교재.

대한항공 신입사원 입사교육교재.

대한항공 여객발권초급.

대한항공 객실서비스규정집.

대한항공 기내지, Morning Calm.

아시아나항공 업무규정집.

아시아나항공 직무훈련 교재.

아시아나항공 기내지, Asiana.

대한항공 홈페이지 https://kr.koreanair.com/korea/ko.html

아시아나항공 홈페이지 http://flyasiana.com/gateway.html

인천국제공항 홈페이지 https://www.airport.kr/ap/ko/index.do

Joe Christy, American Aviation, 1994.

Paul Duffy, World Flight, Acme Printing Company Inc., 1997.

Shaw, Stephen, Airline Marketing and Management, Pitman Publishing, 1990.

Zeithaml, V. A., and Bitner, M. J., Services Marketing, McGraw-Hill Book Co., 1997.

저자소개

박 혜 정   대한항공 근무
수원과학대학교 항공관광과 교수

김 남 선   대한항공 근무
전) 한서대학교 항공관광학과 교수

항공서비스시리즈 4
항공경영의 이해

2014년 9월 5일 초 판 1쇄 발행
2020년 3월 10일 개정2판 1쇄 발행

지은이 박혜정 · 김남선
펴낸이 진욱상
펴낸곳 백산출판사   저자와의
교 정 편집부   합의하에
본문디자인 이문희   인지첩부
표지디자인 오정은   생략

등 록 1974년 1월 9일 제406-1974-000001호
주 소 경기도 파주시 회동길 370(백산빌딩 3층)
전 화 02-914-1621(代)
팩 스 031-955-9911
이메일 edit@ibaeksan.kr
홈페이지 www.ibaeksan.kr

ISBN 979-11-5763-432-3 93980
값 17,000원